国家重大科学研究计划(2013CB956702)、贵州省一流学科(GNYL [2017]007)资助

喀斯特小流域土壤异质性研究

周运超　张珍明　黄先飞　著

U0197639

科学出版社

北　京

内 容 简 介

本书在作者及其团队多年研究的基础上，结合国内外最新研究成果，借鉴相关研究，应用经典统计学、地质统计学及 GIS 技术，深入研究喀斯特区土壤空间异质性及其影响因素，突出土壤异质性的形成机理与质量特征，重在植被恢复潜力的研究；研究喀斯特小流域的基本属性、空间异质性的分布特征、形成机理及其综合影响因素，为喀斯特小流域土壤质量提高与植被恢复潜力的评估提供理论基础和技术支撑。研究成果对合理开发利用与保护喀斯特土壤资源、进行喀斯特石漠化治理研究、推动喀斯特生态恢复与重建都具有深远的意义。

本书可供从事土壤学与环境科学的科研、教学、生产、经营、自然保护及资源调查等领域的师生和工作人员参考，同时可为政府决策提供参考。

图书在版编目(CIP)数据

喀斯特小流域土壤异质性研究 / 周运超, 张珍明, 黄先飞著. — 北京：科学出版社, 2019.6
　　ISBN 978-7-03-060709-6

Ⅰ. ①喀…　Ⅱ. ①周…　②张…　③黄…　Ⅲ. ①喀斯特地区-小流域-环境土壤学-异质-研究　Ⅳ. ①X144

中国版本图书馆 CIP 数据核字 (2019) 第 040915 号

责任编辑：冯　铂　唐　梅 / 责任校对：彭　映
责任印制：罗　科 / 封面设计：墨创文化

科 学 出 版 社 出版

北京东黄城根北街16号
邮政编码：100717
http://www.sciencep.com

成都锦瑞印刷有限责任公司印刷

科学出版社发行　各地新华书店经销

*

2019 年 6 月第 一 版　开本：B5 (720×1000)
2019 年 6 月第一次印刷　印张：10 1/2　插页：18 页
字数：220 000

定价：108.00 元
(如有印装质量问题，我社负责调换)

序

"土生万物，地降千祥"，人类脚下的大地，是大自然的伟大馈赠——一层薄薄的土壤。作为生命的自然载体，土壤是人类农业文明的源头，更是人类社会健康发展的自然保障。只有土壤的可持续，才有人类社会的可持续。研究土壤，保护土壤是土壤学工作者的最大使命。

农业和环境的发展，在于对土壤的合理利用。这种利用应该建立在对土壤自身特性的了解、对土壤变化的感知等基础上。作为地表的薄覆盖层，土壤不但在微观上存在土壤物质的结构、性质的异质性，而且在空间上存在个体分布的异质性，构成了土被的复杂性及不连续性，影响甚至制约土壤的演变过程、功能和生态系统服务。在受岩性高度制约的喀斯特环境中，土壤的异质性是制约其资源生产力和生态系统服务的关键因素。恢复退化喀斯特土壤，重建健康的土被，认识喀斯特土壤异质性成为土壤学和地理学的重要科学任务，更是艰难的科学挑战。

贵州是我国典型的喀斯特地区，喀斯特土壤资源的保护和利用事关贵州的经济、民生和社会的健康发展。所幸，贵州的地理、生态和环境科学工作者一直致力于喀斯特退化土壤研究，特别关注喀斯特土壤的空间异质性问题。周运超等作者长期坚持喀斯特土壤研究，对于贵州喀斯特土壤异质性积累了丰富的资料和科学认识，该书代表了这群朴实研究者们的辛勤耕耘。他们的研究对于土壤学基础理论、对于喀斯特生态系统恢复和保护具有重要的借鉴意义。期望他们的成果能引起同行们的关注，对其中的认识和观点能有切磋交流，乃是对土壤学发展和对社会服务价值的一大贡献。在本书付梓之际，对他们十余年的坚守，对他们突破常规的探索，由衷地表示钦佩，乃勉为序。

潘根兴

2019 年初春于南京

前　　言

　　全球碳酸盐岩地区分布广泛，中国岩溶面积占国土面积的 1/3。碳酸盐岩是全球最大的碳库，喀斯特山地的土壤和植被对外界反应敏感，易遭破坏，极难恢复，属典型的碳酸盐生态脆弱区。我国西南是全球主要的喀斯特连续集中分布区之一，其石漠化面积达 $29.22 \times 10^4 km^2$，且存在逐年扩大的趋势，西南地区以贵州省最为严重，占全国岩溶区总面积的 35%。近年来随着人口的迅速增加，不合理的人为活动加剧了贵州石漠化进程，对喀斯特地区的土壤理化性质及其土壤中的碳循环产生巨大影响，给该地区碳储量的估算和碳源/汇的评估带来很大困难。加上岩溶土壤具有特殊的碳循环机制，开展喀斯特土壤异质性及植被恢复潜力的研究十分必要。

　　在生态系统过程研究中，土壤一直都是十分重要的组成部分，因而土壤异质性研究就成为十分基础的工作，但是如何采集具有典型性和代表性的土壤样品，使之能够反映整个样地的真实水平却一直是十分重要而又极富争议的话题，为此研究区域土壤异质性是非常有必要的，这也是本书撰写的出发点。目前，土壤空间异质性研究主要采用经典统计学、地质统计学、随机模拟方法、分数维方法及 GIS 等方法，这些方法在本书中都有很好的体现。喀斯特区和非喀斯特区土壤养分均存在一定的空间自相关性，这对深入研究喀斯特区空间异质性、小生境分类和选择最佳土壤采样方法具有重要的指导意义。在喀斯特地区，生境异质性极高，主要表现在两个方面：一是由于石漠化致使大量表土流失、岩石裸露、土被不连续、生境复杂化；二是由于碳酸盐岩的岩溶作用等致使土壤的纵向分布结构不均一，土层厚度差异明显。这种生境高度异质性为开展喀斯特土壤碳储量研究带来极大的困难，特别是前期土壤采样面临巨大的挑战，如何深入认识喀斯特区异质性是学术界关注的焦点。

　　植被恢复是石漠化治理的关键环节，也是提高土壤质量的有效途径。近二十年来，在我国西南喀斯特地区先后启动了天然林保护、退耕还林、石漠化治理试点及生态公益林补偿等一系列生态建设工程，产生了较大的环境效益，但局部地区仍在恶化，防治形势仍然严峻。土壤有机碳(质)是土壤质量的重要组成部分，在植被恢复中起着举足轻重的作用。为此，充分了解喀斯特地区土壤有机碳的分布特征及其影响因素，准确估算喀斯特地区土壤有机碳储量是植被恢复潜力研究的前提和关键，在喀斯特地区生态恢复与重建中起着举足轻重的作用，为喀斯特地区土壤质量提高和农业可持续发展提供保障。

全书共分为 7 个章节，由周运超、张珍明、黄先飞撰写，研究生李会、田潇、白云星等对本书进行了校对。作者前期研究得到了科技部、贵州省科技厅的大力支持。在本书的编著过程中，承蒙李阳兵教授审核、修改，在此致谢！本书参考了大量国际国内前辈和同仁的相关资料，由于篇幅限制，未能一一列出，在此一并致谢！

　　由于本书涉及范围广、跨度大，加之编著者水平有限，书中难免有不足之处，敬请各位读者批评指正。

周运超　张珍明　黄先飞

2019 年 3 月

目　　录

第1章　喀斯特小流域土壤形成条件

1.1　气　候　因　素

贵州地处纬度较低的中亚热带(东经 103°36′~109°35′,北纬 24°37′~29°13′),由于特殊的地理位置和地貌特点,决定其在太平洋季风和印度洋季风交汇影响下,全省各地年均温为 10~20℃,最冷 1 月均温为 2~8℃,最热 7 月均温为 22~26℃,但各地温度地域性差异依然存在。贵州年均降水量最多的是 1600mm(晴隆),最少的为 850mm(赫章),大部分地区年均降水量为 1100~1300mm。4~9 月各地降水量为 785.6~1265.8mm,占全年降水量的 73%~85%。贵州有冬无严寒、夏无酷暑、雨量丰沛、雨热同季的气候特点。同时,贵州省日照时间较少但热量条件较为丰富,日均温≥10℃,积温为 2200~6500℃,其间总辐射量平均为 2512~2930MJ/m^2。形成雨热同季,降雨集中,共同构筑喀斯特土壤的气候环境。

1.2　地　形　地　貌

后寨河流域属高原型喀斯特小流域,地形地貌复杂,类型多样,地表主要有溶蚀谷地、溶蚀洼地、峰丛、峰林、孤峰、落水洞和漏斗等地貌类型,地下主要有溶洞、地下河等地貌类型。各种地形地貌空间分布格局极其复杂,但所有峰丛、峰林、孤峰的峰顶几乎处于同一平面,而溶蚀谷地、溶蚀洼地又几乎处于另一个平面。流域海拔在 1190.4~1567.4m,海拔落差较大,最高点与最低点相差 344m。

从流域的坡向空间分布图来看,东坡、南坡、西坡、北坡与无坡向交错分布,说明流域峰丛、峰林、孤峰等地貌空间分布极其复杂,流域内地形起伏多变。流域上游区域的坡向分布斑块面积相对中、下游小得多,说明上游的峰丛、峰林、孤峰等地貌分布较为密集,而中下游区域较为稀疏(图 1-1)。东坡面积占流域总面积的 14.47%,南坡面积占流域总面积的 19.34%,西坡面积占流域总面积的 22.63%,北坡面积占流域总面积的 21.17%,无坡向面积占流域总面积的 22.39%。

从流域的坡度分级空间分布图来看,各坡度等级在流域内交错分布,但洼地至峰丛之间,越接近峰丛的区域坡度越大;流域内坡度大于 25°的区域集中分布在上游,中下游则呈带状或块状零星少量分布;坡度小于 8°的区域集中分布在中、下游,上游则呈零星分布(图 1-2)。流域内坡度小于 5°的面积占流域总面积的

51.28%，坡度为 5°～8°的面积占流域总面积的 7.84%，坡度为 8°～15°的面积占流
域总面积的 12.04%，坡度为 15°～25°的面积占流域总面积的 11.77%，坡度为 25°～
35°的面积占流域总面积的 10.84%，坡度大于 35°的面积占流域总面积的 6.23%。

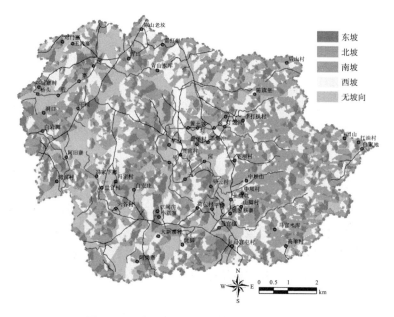

图 1-1　后寨河流域坡向空间分布图(后附彩图)

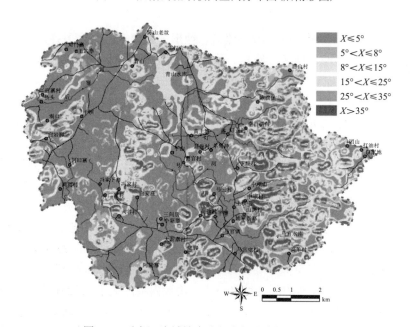

图 1-2　后寨河流域坡度分级空间分布图(后附彩图)

1.3 生 物 因 素

生物因素是土壤形成的五大因素之一。在地球表层系统中，生物圈与相邻圈层间发生着物质和能量的交换和传递，使生物圈贯穿整个地球表层系统，生物的存在极显著地促进土壤的形成及其与环境间的物质交流。贵州岩溶森林具有较多的物种和较丰富的生物多样性，即便在已经石漠化的地区的山地灌丛香叶树植物群落也有较丰富的物种多样性。在 $400m^2$ 的样区中，一般有乔灌木 20 余种，而草本植物较少，主要是蕨类和菊科植物等。从退化岩溶区向森林区自然植被恢复过程中，物种数量为 19～50 种，多样性指数为 0.99～4.72。曹建华等(2003)研究表明，由于灰岩面地衣繁殖，导致溶蚀强度上升 1.2～1.6 倍，加强了岩溶作用。潘根兴等(2000)研究表明，土壤覆盖较无土壤覆盖下岩溶系统的岩溶作用的强度大，土壤呼吸 CO_2 释放促进着这种驱动作用。土壤呼吸 CO_2 即是土壤微生物生命活动过程中的产物，因此土壤微生物活动促进了岩溶作用的进行。林木生长条件下较长草及无植物覆盖下岩溶作用强度大，植物根在生长发育过程中对碳酸盐岩溶蚀消耗大气 CO_2 的量与区域综合化学溶蚀消耗大气 CO_2 的量处于同一数量级，表明植物根系生长过程中对岩溶作用的促进。而植物的光合呼吸作用是制约灌丛群落内环境大气 CO_2 动态的主导因素，相应影响到岩溶作用。路南石林地区不同植被下土壤空气 CO_2 浓度分布规律为：人工草坪＞柏树林＞天然草被＞松林＞无植被耕地，土下溶蚀主要发育区与土壤空气 CO_2 浓度分布规律相吻合，表明植被类型的差异影响到岩溶作用，即影响到岩溶土壤发育形成的速度。因此，生物因子驱动了岩溶地区土壤的形成。

后寨河流域林地类型较多，乔木、灌木、草本种类丰富，且空间分布格局极其复杂。林草地共有 21.88km²，占流域总面积的 29.17%。其中，常绿针叶林 2.42km²，占林草地总面积的 11.06%；常绿阔叶林 0.01km²，占林草地总面积的 0.05%；常绿阔叶灌木林 14.16km²，占林草地总面积的 64.70%；落叶阔叶林 1.55km²，占林草地总面积的 7.08%；落叶阔叶灌木林 1.96km²，占林草地总面积的 8.96%；稀疏灌木林 1.78km²，占林草地总面积的 8.14%(表 1-1)。

表 1-1 后寨河流域不同林地类型分布面积

林地类型	常绿针叶林	常绿阔叶林	常绿阔叶灌木林	落叶阔叶林	落叶阔叶灌木林	稀疏灌木林
面积/km²	2.42	0.01	14.16	1.55	1.96	1.78
比例/%	11.06	0.05	64.70	7.08	8.96	8.14

1.4　岩　　性

后寨河流域分布三叠系下部至中部以关岭组地层为主。流域内主要有白云岩、石灰岩、泥灰岩三大类岩石(见附图)。

1.5　成　土　母　质

母质是岩石风化形成的，受地形地貌的影响会产生运移，在山顶地形平坦、坡脚、坡中下部形成的坡积物相对较厚。成土母质是土壤的物质基础，不仅是土壤的骨架，也是植物养分的来源，它直接影响土壤的物理化学性质和成土过程，从而影响土壤有机碳累积和淋失(张建杰等，2009)，是决定土壤有机碳含量和密度的大背景。不同母质在成土过程中，对土壤性质有深刻的影响，直接或间接地影响土壤的理化性质、耕作性能及肥力特征。

流域内的母质主要有白云岩、石灰岩、泥灰岩、砂页岩和第四纪黄黏土五大类来源(表 1-2)。空间分布格局差异大。白云岩和石灰岩来源母质主要集中分布于上游的峰林、峰丛、洼地等区域，分布面积最大，而中、下游呈带状分布于峰丛、孤峰等区域，分布面积较小，峰林、峰丛和孤峰区域土层较为浅薄，而洼地区域土壤较为深厚。泥灰岩来源母质主要集中呈块状分布于上游的坡耕地，分布面积较小，其他区域也有少量分布，土层较为浅薄。砂页岩来源母质主要集中呈块状分布于上游的坡耕地、水田等区域，分布面积较小，其他区域少量分布，土层较深厚。第四纪黄黏土来源母质主要集中分布于中、下游平缓坡地，分布面积较大，土层较为深厚(田潇，2015)。坡面水流冲刷与携带作用使斜坡的中、下部及坡麓造成的堆积物形成坡积物。风化壳保留在原地，形成残积物，在重力、流水、风力等作用下风化的母岩被迁移形成冲积物、湖积物等，称为运积母质，也叫运积物。

表 1-2　后寨河流域母质来源调查

母质来源	空间分布	地貌类型	土壤类型
白云岩	上游集中分布，中、下游带状分布	峰丛、洼地	石灰土、水稻土
石灰岩	上游集中分布，中、下游带状分布	峰丛、洼地	石灰土、水稻土
泥灰岩	上游块状分布	峰丛、洼地	石灰土
砂页岩	上游块状分布	洼地	黄壤、水稻土
第四纪黄黏土	中、下游集中分布	岗地	黄壤、水稻土

1.6　人　为　活　动

到目前为止，在石漠化严重，生态脆弱，欠发达、欠开发，人地关系矛盾突出的西南岩溶地区，对岩溶山地生态退化、石漠化、土地利用变化和生态治理模式的研究较多。受自然条件、社会经济发展水平和速度影响，中国西南岩溶山区聚落很长时期内发展缓慢，而城镇化、生态建设、乡村道路建设促进了岩溶山地农村经济发展和可达性改善，在此背景下，岩溶山地的聚落与人口有何变化特点与规律，就值得深入研究。

在后寨河地区，聚落总的特征是围绕中部的峰丛洼地呈环状分布。首先，聚落集中分布在西部、东北部和东南部等耕地集中、交通条件相对较好的地区，1963～2010 年，西部丘陵平坝区聚落占总面积的比例从 40.30%增长到 46.30%（表 1-3）；分布于丘陵坝子等与峰丛洼地等地形地貌过渡的槽谷沟口（如中西部过渡区）的聚落面积占总面积的比例一直在 20%以上；中部的峰丛洼地区由于适耕土地资源少和交通不便等条件限制，聚落在这一区域分布很少，只在少数洼地形成"一洼一聚落"分布格局，发展相对缓慢，其聚落面积在 1963 年、1978 年、2004 年和 2010 年分别占研究区聚落总面积的比例为 10.65%、10.34%、7.13%和 8.03%。

表 1-3　后寨河流域不同地貌的人口分布比例（%）

年份	中部峰丛洼地区	中西部过渡区	西部丘陵平坝区	东北部	东南部
2010 年	8.03	20.03	46.30	14.84	10.80
2004 年	7.13	21.00	44.6	15.23	12.04
1978 年	10.34	21.38	43.53	13.68	11.07
1963 年	10.65	22.47	40.30	14.45	12.13

1.7　成　土　时　间

土壤随时间推移而不断变化发展。从开始形成土壤时起，直到土壤目前状态的这段时间，称为土壤的年龄。土壤年龄分为绝对年龄和相对年龄，它是土壤发育的强度因子。土壤绝对年龄的开始，是指冰川消融、退缩后地面出露，或河流、湖泊沉积物基本稳定地露出了水面，或海岸升高和海水退缩后海滩成陆。原地残积风化物上形成的土壤，年龄一般都较大，冲积物上的土壤则年龄较轻。生物、地形、气候、母质四大因素随着成土年龄的增长而加深。

　　土壤相对年龄并不是指土壤存在的持续时间,而是指各种成土因素综合作用下的成土速度,即土壤矿物的风化速率,与元素迁移有着密切的关系。例如,在贵州省的紫色岩上,如果地形、植被等因素有利于成土作用稳定地进行,可以形成发育程度较深,有富铝化特征的黄壤;反之,由于土壤侵蚀、地面物质不断更新,土壤发育始终停留在幼年阶段,只能形成保留着许多母质特征的紫色土,而与黄壤差别甚大。石灰土的发育由于受到母质中 Ca^{2+}、Mg^{2+} 的影响,土壤中保持有较多的盐基,其矿物的风化一直处于幼年状态,因此形成幼年土—石灰土。

　　贵州碳酸盐岩除侏罗系、白垩系地层外,自震旦系到三叠系均有发育,区域内岩石的种类按照碳酸盐含量和酸不溶物的多少大致可分为:纯质的碳酸盐岩类[含石灰岩组、白云岩组、白云岩与石灰岩组(互层或夹层)]、较纯的碳酸盐岩类和不纯的碳酸盐岩类。碳酸盐岩是一类可溶性矿物的集合体,只有其中的酸不溶性矿物才是喀斯特地区土壤矿物量的来源,尽管目前有研究认为碳酸盐岩石分布区土壤的物质来源还存在着其他的类型,如在热带—亚热带气候条件下,在喀斯特开放体系中,在常温、常压条件下进行的,以地下水为载体的物质携入。根据前人对贵州不同地质时代形成的碳酸盐岩成分的分析,贵州不同时期形成的碳酸盐岩石平均组成状况见表1-4。表1-4表明,贵州碳酸盐岩石组成中可溶性成分占绝大多数,而不溶性成分含量低。贵州地矿部门对发育在贵州各个时代的碳酸盐岩石组成成分进行的测定结果也得出相似的结论。

表 1-4　贵州不同地层碳酸盐岩石成分(%)

岩层	$CaCO_3$	$CaMg(CO_3)_2$	SiO_2/R_2O_3	资料来源
三叠系	46.90	47.07	4.26	
二叠系	89.62	7.47	2.12	
石炭系	4.54	92.65	1.28	杨汉奎等,1994;
泥盆系	2.04	87.75	7.00	袁道先等,1988
奥陶系	78.65	17.16	7.03	
寒武系	4.63	88.88	7.02	

　　据杨汉奎(1994)对贵州不同时期地层成土时间的计算,即取岩石酸不溶物含量为4%,以贵州各时期地层风化剥蚀率为2370～118750mm/万年,要形成1m厚的残积土壤层,需要21万～120万年(表1-5)。王世杰等(1999)研究了3个泥质含量为11%～39%的灰岩剖面,形成1m厚的残积土,仅需溶蚀2～5m碳酸盐岩,所需时间为2.8万～8.4万年。另两个泥质含量差别较大的白云岩剖面(平坝剖面为0.625%,新蒲剖面为4%),两者形成1m残积土所需溶蚀的碳酸盐岩层厚度和时间差别也极大,分别为13m与22万年和79m与79万年。平坝剖面的实际厚度

为5~6m，如果不考虑土层形成过程中所遭受的地表侵蚀作用，则形成该剖面目前的土层厚度需474万~9500万年。同样，在广西壮族自治区贵港市的观测结果也表明，形成1m厚的土层，需要溶蚀25m厚的碳酸盐岩，需25万~85万年才能完成。即非可溶性岩石成分的多少决定了碳酸盐岩石区土壤形成速度的快慢。我国南方地区众多的研究均表明，碳酸盐岩石风化形成土壤的速度缓慢，这与区域内形成土壤的物质基础即岩石组成性质有很大的关系。由于贵州碳酸盐岩石组成成分中，可溶性组分占绝大多数，因此，岩石风化而形成土壤的能力十分微弱，表现出较弱的土壤可更新性特点，即碳酸盐岩石发育形成土壤的形成时间很长，但由于母质影响下Ca^{2+}、Mg^{2+}较多，速度极慢，因而形成的是幼年土。

表1-5　喀斯特土壤形成的时间

研究地点	形成土壤厚度/cm	酸不溶物含量/%	成土时间/万年	资料来源
贵州	100	4	21~120	韩至钧等，1996
贵州和湖南	100	11~39	28~84	王世杰等，1999
贵州	100	0.625~4	22~79	王世杰等，1999
广西	100	—	25~85	袁道先等，1988

第 2 章　喀斯特小流域土壤
形成机理及类型分布

2.1　喀斯特土壤概念及形成机理

随着石漠化研究的深入,喀斯特土壤已成为当前研究的重要词汇(根据知网检索已发表的文献,1960~2017 年,篇名直接使用"喀斯特土壤"的有 34 篇,间接使用"喀斯特土壤"的有 3613 篇),但根据对中国土壤分类系统的查阅,并未对喀斯特土壤进行描述,喀斯特即指碳酸盐岩发育演化而形成的具有特殊地上—地下二元结构的地貌类型;而喀斯特土壤的一般理解应是喀斯特岩石发育形成的土壤,因此喀斯特土壤的正确理解是碳酸盐岩(主要是石灰岩和白云岩)发育形成的石灰土。

在气候条件的影响下,碳酸盐岩受到强烈的岩溶作用使得石灰土长期饱含钙素和高 pH,盐基饱和度高,成土速度缓慢,使土壤处于相对年幼阶段,石灰土淋溶作用不充分,富铝化特征不显著,按淋溶作用的强弱又可以细分为黄色石灰土、棕色石灰土、红色石灰土和黑色石灰土等四个亚类。各亚类因母岩、植被、地理环境等外界因素制约,分布区域又有所不同。石灰土多发育于岩溶丘陵山地,因地形坡度较大,面蚀相对严重,从而使石灰土保持在相对年幼阶段。方解石是石灰岩的主要成分,可和含二氧化碳的水发生作用产生重碳酸盐,随水流失,而土壤形成的年份较长,因此石灰土土层较薄,一旦遭到破坏,在水流的冲刷下加剧基岩裸露,形成石质山地。石灰土剖面构型简单,腐殖层明显,呈暗棕色至灰黑色,厚度差别较大,一般为 30~50 cm,大多具有团粒结构,质地黏重;淀积层为块状或棱块状,紧实黏重,但往往缺失。暗色的腐殖质层仅仅经过色泽稍淡的过渡即达母岩。未被破坏的原生植被多为喜钙的常绿阔叶林或灌草丛草本植物,但现存较少,目前主要以人工种植为主,有柏木、青冈栎、朴树等。

因此,正确认识喀斯特土壤,对现存植被和土壤的保护具有重要意义。

2.2　喀斯特土壤与喀斯特区域土壤辨析

贵州省喀斯特区域面积占全省土地总面积的 73.60%,全省 95%的县(市)均有喀斯特分布,而由碳酸盐岩发育形成的石灰土却只占全省土地总面积的17.90%(不含碳酸盐岩发育形成的水稻土),境内还主要分布有黄壤、红壤、黄棕壤、潮土、水稻土等土壤类型。研究对高原型喀斯特小流域贵州省普定县后寨河流域的调查同样证明了纯碳酸盐岩区域不仅仅有石灰土,还存在着大量的水稻土及黄壤。在2755 个有效剖面中,有石灰土即喀斯特土壤 1809 个,主要分布于东部峰丛洼地及中部与西部的山脉之上;水稻土 489 个和黄壤 475 个,主要分布在东部洼地和中部的河流两侧。非喀斯特土壤占总样点数的 35%,55.26%的喀斯特土壤由石灰岩发育,39.79%由白云岩发育,其余 4.95%由泥灰岩发育。而水稻土及黄壤主要由第四纪黄黏土和砂页岩发育。基于以上信息,喀斯特区域不仅存在喀斯特土壤(石灰土),还包含了非喀斯特土壤(水稻土、黄壤等)。相关研究在空间范围、垂直深度、海拔高度、土壤肥力、土壤容重和土壤石砾含量等方面佐证了喀斯特土壤与其他类型土壤之间存在较大差异,为了更好地区别喀斯特土壤,将喀斯特区域内由其他成土母质发育形成的地带性土壤称为"喀斯特区域土壤",而喀斯特土壤应特指由碳酸盐岩发育形成的石灰土。

查阅分析"喀斯特土壤"相关研究文献,发现存在着大量喀斯特土壤定义混淆的现象,喀斯特地区的土壤不可混为一谈,若都称之为"喀斯特土壤",这不仅将导致其研究结果的不可靠性,还可能使人们将其研究中不确定的认知引用到喀斯特地区的科学研究和生产实践中去。混淆"喀斯特土壤"概念的文献主要体现在对土壤类型、土壤与岩性和土壤与植被的理解不充分,误认为研究区设定在喀斯特区域,其土壤必与喀斯特土壤产生联系。例如部分研究者对喀斯特森林生态系统进行研究,其土壤类型与基岩类型、土壤类型与森林类型产生矛盾的现象(酸性土壤下基岩是碳酸盐岩,石漠化地区却生长着马尾松林),导致其研究结果不属于喀斯特土壤范畴。关于部分土壤碳的文献中,没有正确理解喀斯特土壤与喀斯特区域土壤之间的区别,从而将喀斯特地区出现的红壤认为属于典型喀斯特土壤。再者,有研究者将其调查区域设定在白云岩地区,其土壤剖面信息均为黄壤和黄棕壤,与石灰土毫无相干,但研究结果都冠以喀斯特土壤。类似的混淆喀斯特土壤的文献还有许多,其特点为:①将喀斯特地区,非碳酸盐岩发育形成的土壤当成喀斯特土壤,如将黄壤、黄棕壤、紫色土、水稻土等误认为属于喀斯特土壤;②误以为喀斯特区域的土壤都是碳酸盐岩发育,如红壤、黄棕壤、黄壤等误认为由碳酸盐岩发育形成;③文中所述土壤的岩石和土类名称符合喀斯特土壤,但其植被却有矛盾之处,如石灰岩发育形成的喀斯特土壤,却生长着马尾松、枫香等矛盾的现象;④非土壤学、地质学专业背景的相关文献容易误用"喀斯特土壤"一词。正确辨析"喀斯特土壤"和"喀斯特地区的土壤"的意义在于石漠化植被恢复的重要原则——适地适树,土壤是植物生长的基础,是林地恢复评估的主要因素。石漠化地区物种选择必须考虑土壤与植被的关系,不同植被因地制宜搭配种植才能提高石漠化地区造林效果和水土保持效益,若对喀斯特土壤认知存在偏差将会导致石漠化造林树种选择的盲目性，增大植被恢复的难度，同时降低石漠化区域治理的综合效益，甚至导致石漠化治理失败。

因此，在喀斯特地区可以从以下两种视角出发，判别喀斯特土壤与喀斯特区域土壤：①从土壤与母质相互关系的视角出发，土壤固体部分体积 90% 的矿物质均由母质风化而来，母岩又将其性状遗传给母质，母质的性状又可以遗传给土壤，因此土壤与母岩关系相当密切，在发育程度较低的土壤中尤为明显。发育在碳酸盐岩母质上的土壤，由于碳酸盐岩溶蚀作用能不断释放出钙质，对土壤形成过程中产生的酸性物质起到中和作用，因此限制了土壤酸化，降低土壤的发育速度，致使发育的土壤处在幼年阶段。与之相反，喀斯特地区由砂页岩等酸性母质发育的土壤，因为土壤发育过程中产生的酸性物质被保留下来，土壤的富铁铝化作用明显，使土壤更容易向地带性土壤演变。因此，母质对土壤形成尤为重要，不仅影响土壤的理化性质，更影响土壤发育的速度，甚至在某些条件下影响土壤形成的方向。贵州碳酸盐岩母质与非碳酸盐岩母质（砂岩、页岩）呈现相间带状分布，因此出现了贵州地带性土壤与非地带性土壤（石灰土，即喀斯特土壤）交错分布的规律。②从土壤基本属性的视角出发，石灰土的 pH 呈中性或微碱性，盐基饱和度大于 50%，土层薄，质地黏重，富含钙质，有机质含量高（钙－腐殖质），具有碳酸盐岩的特征，受气候条件影响，还可分为黑色石灰土、棕色石灰土、黄色石灰土、红色石灰土四个亚类，原生植被为常绿阔叶林或灌丛草本植物，其生长植物特性为喜钙，适应中性或弱碱性生长环境，如青冈栎、构树、枸杞、云贵鹅耳枥、朴树、云南樟等。红壤铁铝聚集，质地较黏重，pH 呈酸性，盐基饱和度低，其成土母质多样，主要有第四纪红色黏土、砂页岩及变质岩的风化物，发育于水热条件较好的地段，因而母岩风化和淋溶作用较强，脱硅富铝化过程彻底，未被破坏的红壤剖面层次分明。原生植被为偏湿性亚热带常绿阔叶林，以壳斗科锥属、石栎属和冈栎属占优势，少数有马尾松、杉、云南松等组成次生林。人工植被以松、杉、油茶、油桐等经济林分为主。黄壤呈酸性，土层湿润，含水量较高，富含磷、钾等矿质养分，是贵州省面积最大的地带性土壤，发育于不同母质，以花岗岩、砂页岩为主。此外还有第四纪红色黏土，极少量黄壤来自燧石灰岩、硅质白云岩和泥质白云岩。土壤坡面具有明显的发生层次。原生植被主要是亚热带常绿阔叶林，但保存较少，被破坏后为次生针叶林、针阔叶混交林和灌丛草被，植被以喜酸性植物为主，常见树种为马尾松、杉木、木兰、枫香、光皮桦，次生栎类灌丛、蕨类草本多见铁芒箕。

以上说明喀斯特土壤与喀斯特区域土壤本质上的区别，喀斯特土壤就是石灰土的另一种称呼，而喀斯特地区非碳酸盐岩发育形成的土壤应称之为喀斯特区域土壤。在辨析两者时，应当从土壤的母质、土壤上所生长的植物和土壤属性方面进行判别。

2.3　不同土壤类型的空间分布

后寨河流域土壤类型较多，且空间分布格局复杂。流域内共有石灰土、水稻土、黄壤 3 大土类，9 大土属。其中，石灰土包括黑色石灰土、黄色石灰土、大土泥、小土泥、白大土泥、白砂土 6 大土属；水稻土包括大泥田和黄泥田 2 个土属；黄壤仅有黄泥土 1 个土属。采用 GIS 技术和实地踏勘相结合的方法，对不同土属进行归类分区，各分区交错分布于流域内，每个土属分区面积差异较大，且分区内含岩石所占面积为：黄泥土 15.88km²、黑色石灰土和黄色石灰土共 21.88km²、大土泥 3.39km²、小土泥 2.65 km²、白大土泥 2.73 km²、白砂土 1.74 km²、大泥田 25.42 km²、黄泥田 0.48 km²（图 2-1 和表 2-1）。

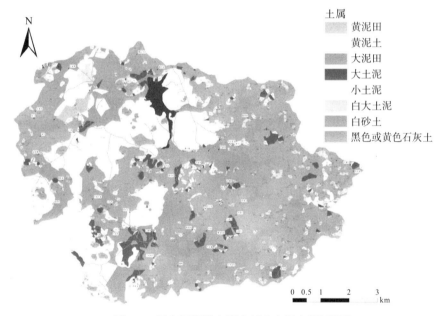

图 2-1　后寨河流域土壤空间分布图（后附彩图）

黑色石灰土和黄色石灰土一般位于峰丛上，二者相互镶嵌，单块面积也较小，用 GIS 技术难以区分。黑色石灰土区有采样点 348 个，黄色石灰土区有采样点 420 个，分别占 45.25% 和 54.75%，因此，可用二者采样点数量权重区分，换算得到黑色石灰土区和黄色石灰土区面积分别为 9.89km² 和 11.99km²（表 2-1）。流域内洼地多为水田，除了中、下游区有黄泥田集中分布了 0.48km² 以外，上游地区零星分布了部分黄泥田。该区域也难以用 GIS 技术进行区分，大泥田和黄泥田公共区的面积为 25.42km²。大泥田和黄泥田公共区中包含的黄泥田区可采用二者采样点数量权重区分，黄泥田区有采样点 112 个，其中大泥田区有采样点 798 个，分别占 12.31%和 87.69%，换算得到大泥田区的实际面积为 22.29km²，其中包含黄泥田区的面积 3.13km²，因此黄泥田区的实际面积为 3.61km²（表 2-1）。

表 2-1　不同土属土壤分布面积　　　　　　　　　　　　　（单位：km²）

土属	黄泥土	黑色石灰土	黄色石灰土	大土泥	小土泥	白大土泥	白砂土	大泥田	黄泥田
面积	15.88	9.89	11.99	3.39	2.65	2.73	1.74	22.29	3.61

如图 2-2(a)所示，整个后寨河流域土壤属性涉及黑色石灰土、小土泥、大泥田、黄泥田、黄泥土、白砂土、大土泥、白大土泥及黄色石灰土。各属性土壤相间分布，空间上表现出较大的差异性。黑色石灰土与黄色石灰土主要分布在东部峰丛洼地及中部与西部的山脉之上。黄泥田与大泥田主要分布在东部洼地区域及中部的河流两侧。其他属性土壤分布则无明显规律。

如图 2-2(b)所示，后寨河流域不同土壤属性的厚度值离散度差异较大，但有一定的规律。总体上，黑色石灰土、白砂土、白大土泥与黄色石灰土的土壤厚度数据离散程度要高于小土泥、大泥田、黄泥田、黄泥土与大土泥。同时可以看出，白砂土＞白大土泥＞黄色石灰土＞黑色石灰土。小土泥、大泥田、黄泥田、黄泥土与大土泥的土壤厚度比较集中，集中在 100 cm。说明小土泥、大泥田、黄泥田、黄泥土与大土泥的土壤厚度大多能达到 100 cm，虽有异常值（小于 100 cm），但相对较少。基于各土属出现的样点数，后寨河流域黑色石灰土、小土泥、大泥田、黄泥田、黄泥土、白砂土、大土泥、白大土泥与黄色石灰土分布率分别为 19.06%、15.86%、6.46%、10.64%、16.84%、3.81%、8.17%、4.54%与 14.63%。

图例
150×150样地
土属

- 黑色石灰土
- 小土泥
- 大泥田
- 黄泥田
- 黄泥土
- 白砂土
- 大土泥
- 白大土泥
- 黄色石灰土
- 建筑地或水域

(a)土壤属性空间分布特征(后附彩图)

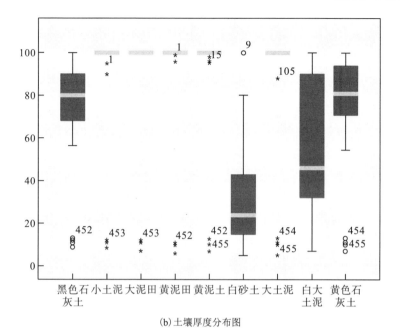

(b) 土壤厚度分布图

图 2-2　后寨河流域土壤属性空间分布特征与各属性土壤厚度分布图

2.4　土壤类型及其剖面特点

2.4.1　黄壤

1) 形成条件

由黄壤开垦而来的是黄泥土。黄泥土发育于温暖湿润的亚热带地区, 所在地区的温度较红壤地区低而较黄棕壤地区高, 冬无严寒, 夏无酷暑, 年均温 14～16℃, 最冷月 (1 月) 均温 4～7℃, 最热月 (7 月) 均温 22～26℃, 年积温 4000～4900℃。黄壤地区雨量丰富, 年降水量 1000～1400mm, 且日照少, 云雾多, 相对湿度很大, 一般在 80% 左右, 干湿季节不明显, 太阳总辐射量低。

2) 形成过程

土壤的形成过程包括较强的脱硅、富铝化过程、旺盛的生物学小循环和黄化作用等方面。

脱硅、富铝化过程是黄壤土类的主要成土过程。由于黄壤地区终年温度较高, 雨量丰富, 岩石矿物的化学风化作用强烈, 表现出明显的脱硅富铝化特点。据化验分析, 黄壤的渗漏水中含有 SiO_2(9.5mg/L)、CaO(0.32mg/L)、MgO(1.5mg/L) 和 Na_2O(1.58mg/L), 而 Fe_2O_3 和 Al_2O_3 量极少, 说明硅、钙、镁、钠等在黄壤形成过程中遭到淋失, 铁、铝相对得到聚积, 其中铝的聚积又多于铁。黏粒的硅铝率一般在 2.0 左右。黄壤中次生黏土矿(物)以硅石为主，次为高岭石、三水铝矿，伊利石含量很少。在温暖湿润的气候条件下，黄壤具有旺盛的生物学小循环。黄壤地区虽然地质淋溶过程相当强烈，但由于气候条件优越，植物可以终年生长，而且生长速度快，有机体年增长量相当大，所以每年归还到土壤中的枯枝落叶数量也相当多。当然，黄壤地区由于气候条件优越，土壤微生物活跃，有机质的分解也很迅速。如果植被受到破坏，归还给土壤的枯枝落叶数量减少，土壤的腐殖质层就会变薄，有机质含量也会减少。

黄化作用是黄壤形成的重要成土过程。由于贵州省黄壤所处气候特殊，雨日多，相对湿度大，土壤常保持湿润状态，有利于形成较多的含水氧化铁，如针铁矿、褐铁矿、多水氧化铁。褐铁矿呈黄色或棕色，多水氧化铁为黄色。黄化过程在土壤水分多而长期荫蔽、凉爽的环境能继续进行，并使土壤的黄色色调保持下来。因此，黄壤剖面呈黄色至蜡黄色，尤以淀积层(B层)更为明显。

3)典型剖面特点

剖面编号：GZ-PD-CG-CQ-BYS-21。

地点：白岩石。

海拔：1321m。

植被：玉米、向日葵、朴树。

母质：石灰岩。

坡位：坡脚。

坡度：10°。

表 2-2　黄泥土土壤剖面特征

层位	颜色	结构	质地	干湿度	松紧度	根系	土壤动物	侵入体	新生体	石砾含量/%
A 层	黄褐色	小块状	黏	润	疏松	中	蚓、蚁等	塑料等	有	1.23
B 层	黄色	块状	黏	潮	稍松	少	无	—	无	0
B_2 层	黄色	块状	黏	潮	紧	无	无	—	无	0

2.4.2　石灰土

1. 黑色石灰土

1)形成条件

在贵州不同生物气候带内，只要有碳酸盐岩出露的地方，都可能发育形成石灰土。在贵州，自震旦系至三叠系的各个地层中都有碳酸盐岩出露，面积较大的主要是寒武系、泥盆系、三叠系的碳酸盐岩，主要碳酸盐岩有纯质灰岩、白云岩、白云质灰岩、石灰质白云岩、硅质灰岩、泥灰岩等。岩性不同，石灰土的特征有很大差异。石灰土多形成于岩溶丘陵山地，这类地形坡度较大，即使有自然植被覆盖，也会出现一定的面蚀，从而使石灰土发育程度总是保持在幼年阶段。石灰土上原生植被为亚热带常绿和落叶阔叶林，其组成多为喜钙旱生种属，其中不少是石灰土特有的树种。目前原生植被大多已被破坏殆尽，形成的次生植被有仙人掌、火棘、马桑、鹅耳沥、化香、旱生有刺灌丛和柏木等。这些适生岩溶植物，具有对钙较强的吸收力和很高的归还量，使石灰土在其发育过程中维持着较高的钙含量，阻滞石灰土向地带性土壤发育。

2) 形成过程

黑色石灰土形成过程的最大特点是碳酸盐岩在成土过程中起着重要的作用。在大气降水的淋洗下，一方面，碳酸盐岩不断地遭到淋失；另一方面，在土壤有机质形成腐殖质酸的过程中，不断地生成腐殖质钙(镁)，并且在表土层中大量地聚积。黑色石灰土是在茂密的岩溶植被条件下发育的，随着碳酸盐岩的风化，耐旱喜钙草本植物(如悬钩子、岩豆藤等)着生繁殖，形成覆盖度相当高的草被，这类草被生长繁茂，根系发达，穿插缠绕，形成根盘层，向下生长促进母质母岩的风化及土壤的发育，使土壤逐渐增厚。同时，随着土层的增厚，岩溶森林适生条件开始具备，岩溶森林和林下植物也逐渐发展，森林凋落物形成的枯枝落叶层和死亡的植物根系在微生物的作用下形成较多的腐殖质。腐殖质以胡敏酸为主，导致土体颜色呈灰黑色，特别 A 层颜色为深黑。由于腐殖质的钙凝作用强烈，再加上有弱酸强碱碳酸钙的存在，土壤的 pH 较高(pH 为 7.5~8.0)，多有石灰反应。石灰土土壤质地较为黏重，但结构较好，表层多为粒状及团粒状结构。由于土层中腐殖质含量高，土壤含氮素养分也较为丰富，但黑色石灰土生境条件差，土层较浅薄，岩石出露多，故分布零星，不集中。加上土体石砾含量较多，土层底部母岩的分布面凹凸不平，耕犁不便，因此多不宜农用。目前由黑色石灰土开垦的耕地(岩泥土)仅占该亚类的 19.9%。

3) 典型剖面特点

剖面编号：GZ-PD-CG-CQ-CT-11。

地点：冲头。

海拔：1396.4m。

植被：梓树、桔、梨、火棘。

母质：石灰岩。

坡位：坡中部。

坡度：24°。

表 2-3　黑色石灰土土壤剖面特征

层位	颜色	结构	质地	干湿度	松紧度	根系	土壤动物	侵入体	新生体	石砾含量/%
A层	黑	团粒	壤	润	疏松	多	蚯、蚁等	无	无	2.53

2. 黄色石灰土

1) 形成条件

黄色石灰土分布范围大致与黄壤一致，其形成的气候条件与黄壤基本一样，黄色石灰土地区气候温暖，冬无严寒，夏无酷暑，温度年变幅不很大，降水量大，相对湿度高，蒸发量较小。其形成的地形条件较黑色石灰土缓，土层相对较厚。

2) 形成过程

在上述气候环境条件下，成土风化过程中，钙、镁的淋溶作用强烈，硅、铁、铝大量聚积，其黏粒硅铝率已接近同源母质发育的黄壤，说明黄色石灰土已有明显有富铝化作用。同时由于土壤中氧化铁水化度较高，使土壤呈现明显的黄色。黄色石灰土剖面构造因发育阶段不同而有差异。一般情况下，成熟期的黄色石灰土剖面分化明显，具 A-B-C 构型。表面土壤由于腐殖质含量较高，呈黄灰色至棕灰色，心土为浅黄色或棕黄色，底土层颜色因母质而不同。表层土壤因盐基淋失多，呈中性至微酸性反应。下层土壤由于盐基元素淀积，pH 多数较高，为中性至微碱性反应，常有石灰反应。黄色石灰土质地多较黏重，物理性黏粒含量在 60% 左右，物理性黏粒含量随土层加深而增多，且受人为活动的影响。

3) 典型剖面特点

剖面编号：GZ-PD-CG-CQ-CQP-26。
地点：陈旗坡。
海拔：1322m。
植被：喜树、梓树、楸树、枸骨。
母质：石灰岩。
坡位：坡脚。
坡度：15°。

表 2-4　黄色石灰土土壤剖面特征

层位	颜色	结构	质地	干湿度	松紧度	根系	土壤动物	侵入体	新生体	石砾含量/%
A层	黑	团粒	壤	润	疏松	多	蚯、蚁等	无	无	3.103
B层	棕黄色	块状	黏	潮	紧	中	无	无	无	1.741

3. 大土泥

1)形成条件

大土泥形成条件与黑色石灰土基本一致，分布地层有碳酸盐岩出露，岩溶丘陵山地，使得地形坡度起伏大，面蚀严重使得土壤保持在年幼阶段。有岩溶植物生长，对钙有较强的吸收力和很高的归还量，使石灰土在其形成发育过程中，维持着较高的钙含量，阻滞石灰土向地带性土壤发育。

2)形成过程

在这种气候环境条件下，成土风化过程中，钙、镁的淋溶作用强烈，硅、铁、铝大量聚积，其黏粒硅铝率已接近同源母质发育的黄壤，说明大土泥已有明显有富铝化作用。同时由于土壤中氧化铁水化度较高，使土壤呈现明显的黄色，且受人为活动等影响，耕作层疏松，淀积层紧实，结构变化极大。

3)典型剖面特点

剖面编号：GZ-PD-CG-CQ-BYS-27。
地点：白岩石。
海拔：1355m。
植被：玉米、向日葵。
母质：石灰岩。
坡位：坡脚。
坡度：0°。

表 2-5　大土泥土壤剖面特征

层位	颜色	结构	质地	干湿度	松紧度	根系	土壤动物	侵入体	新生体	石砾含量/%
A 层	褐色	小块状	壤	润	稍松	中	蚯、蚁等	塑料等	无	0.23
B 层	棕色	块状	黏	潮	紧	少	无	无	无	0.15
B₂层	红棕色	块状	黏	潮	紧	无	无	无	无	0

4. 小土泥

1)形成条件

小土泥形成条件与黑色石灰土基本一致。

2)形成过程

小土泥发育环境较为湿润、炎热，其矿物风化蚀变作用比其他亚类强烈，黏土矿物中出现有高岭石、赤铁矿和三水铝石，其黏粒硅铝率较小，说明已有富铝化作用发生，同时受到人为耕作的影响。

3) 典型剖面特点

剖面编号：GZ-PD-CG-CQ-JS-13。

地点：尖山。

海拔：1304.8m。

植被：构树、侧柏。

母质：石灰岩。

坡位：山脚。

坡度：15°。

表 2-6　小土泥土壤剖面特征

层位	颜色	结构	质地	干湿度	松紧度	根系	土壤动物	侵入体	新生体	石砾含量/%
A 层	褐色	小块状	壤	润	稍松	中	蚯、蚁等	塑料等	无	0.46
B 层	红棕色	块状	黏	潮	稍松	少	无	无	无	0.32

5. 白大土泥

1) 形成条件

白大土泥形成条件与黑色石灰土基本一致。

2) 形成过程

白大土泥由于所处地区气候冷凉湿润，矿物风化蚀变作用比其他亚类弱，微生物活动较弱，进入土壤的有机质分解缓慢，腐殖化程度低，有机质 C/N 比较高。

3) 典型剖面特点

剖面编号：GZ-PD-CG-CQ-CT-16。

地点：冲头。

海拔：1332m。

植被：玉米、向日葵。

母质：白云岩。

坡位：平地。

坡度：0°。

表 2-7　白大土泥土壤剖面特征

层位	颜色	结构	质地	干湿度	松紧度	根系	土壤动物	侵入体	新生体	石砾含量/%
A 层	褐色	小块状	砂	润	稍松	中	蚯、蚁等	塑料等	无	1.201
B 层	棕色	块状	壤	潮	稍松	少	无	无	无	0.45

6. 白砂土

1) 形成条件

白砂土主要分布在白云岩地区，坡中下部石砾含量相对较高。石砾以白云砂为主，白云砂长期分化过程供给土壤大量的钙和镁，阻碍了石灰土向地带性土壤发育。

2) 形成过程

白砂土形成过程与黑色石灰土较为相似，岩石风化阶段不同，使得土壤存在一定差异。

3) 典型剖面特点

剖面编号：GZ-PD-CG-CQ-JS-35。

地点：尖山。

海拔：1324m。

植被：玉米、向日葵、粉枝莓。

母质：石灰岩。

坡位：坡中部。

坡度：10°。

表 2-8　白砂土土壤剖面特征

层位	颜色	结构	质地	干湿度	松紧度	根系	土壤动物	侵入体	新生体	石砾含量/%
A 层	褐色	小块状	砂	润	稍松	中	蚓、蚁等	塑料等	无	0.67
B 层	棕色	块状	壤	润	稍松	少	无	无	无	1.51

2.4.3　水稻土

1. 大泥田

1) 形成条件

有水源保障或易于积水的各种地形条件，起源土壤为水稻土的母质或母土，水文条件为：①地表水型；②地下水型；③良水型；④特殊水型。

2) 形成过程

长期季节性淹灌，水下耕翻，季节性脱水，氧化还原交替，使原来成土母质或母土的特性发生重大改变，形成新的土壤类别。由于干湿交替，形成糊状淹育层(Aa)、较坚实板结的犁底层(Ap)、渗育层(P)、潴育层(W)与潜育层(G)多种发生层分异。这些不同发生层段是在人为耕作、水浆管理下形成的。

3）典型剖面特点

剖面编号：GZ-PD-MG-MG-LJZ-41。
地点：老旧寨。
海拔：1318.5m。
植被：水稻、油菜。
母质：石灰岩坡积物。
坡位：平地。
坡度：0°。

表 2-9　　大泥田土壤剖面特征

层位	颜色	结构	质地	干湿度	松紧度	根系	土壤动物	侵入体	新生体	石砾含量/%
A 层	灰褐色	小块状	黏	湿	稍松	中	蚓、蚁等	塑料等	有	0
Ap 层	褐色	块状	黏	潮	极紧	少	无	无	无	0
P 层	棕黄色	块状	黏	潮	紧	无	无	无	无	0

2. 黄泥田

1）形成条件

黄泥田分布的区域，温暖多雨，年平均气温 15～18℃，年降水量在 1000mm 左右，相对湿度在 75%以上，属亚热带湿润气候，且受人为耕作等人为活动的影响。

2）形成过程

在温湿的气候条件下，土壤较易保持稳定而充足的土温和湿度，从而促进黏土矿物的生成、盐基的淋溶和有机质的分解。由自然土壤黄壤开垦而来的是黄泥田，土质黏韧，结构性差，土壤酸性大，速效养分含量低，具有"黏、酸、瘦"的特点，插秧后稻苗回青慢，易发黄，不发兜，植株矮小，水稻亩产只有 50～100kg，是黄泥田土类中肥力最低的土壤。此种土壤初步熟化为黄泥田之后，土壤酸性减弱，有机质与养分含量逐渐增多，盐基饱和度亦有上升，再经过表层浸水、脱水与频繁的耕作，就形成坚实的犁底层，从而使土壤保水保肥能力有所提高，水稻亩产可增至 200～250kg。

3）典型剖面特点

剖面编号：GZ-PD-CG-XP-CSLF-16。
地点：陈山老坟。
海拔：1168.8m。

植被：水稻。

母质：第四纪黄色黏土。

坡位：平地。

坡度：0°。

表 2-10　黄泥田土壤剖面特征

层位	颜色	结构	质地	干湿度	松紧度	根系	土壤动物	侵入体	新生体	石砾含量/%
A 层	灰褐色	小块状	黏	湿	稍松	中	蚯、蚁等	塑料等	有	0
A_P 层	浅黄色	块状	黏	潮	极紧	少	无	无	有	0
P 层	黄色	块状	黏	潮	紧	无	无	无	有	0

2.5　不同土壤类型的垂直分布

后寨河流域土壤类型多样，且地带性土壤与非地带性土壤的厚度差异较大（表 2-11）。不同土壤类型下土壤厚度平均值大小为：黄壤（85.84cm）＞水稻土（84.33cm）＞石灰土（49.68cm）。从变异系数来看，不同土壤类型的土壤厚度变异系数的大小不同，其范围为 27.77～60.37，石灰土相较其他土壤呈现出较强的变异。

表 2-11　不同土类土壤厚度特征

土种	样点数	最小值/cm	最大值/cm	平均值/cm	变异系数	偏度系数	峰度系数
石灰土	1811	5	＞100	49.68	60.37	0.508	-1.08
水稻土	489	13	＞100	84.33	29.62	-1.316	0.27
黄壤	475	7	＞100	85.84	27.77	-1.784	2.21

流域内海拔为 854.1～1567.4 m，其中石灰土主要分布在海拔 1250 m 以上的区域（图 2-3）。水稻土和黄壤主要分布于海拔 1350m 以下，海拔大于 1350m 区域分布较少。相关性分析表明，不同海拔地区的石灰土与水稻土、黄壤的差异显著，即海拔的不同，导致了后寨河流域土壤资源分布上的差异。随着海拔的升高，地理气候环境恶劣，植物生长越发困难，降雨带来的水土流失也越发加重，针对不同的土壤类型应因地制宜地选择相应的水土保持措施，从而科学地保护土地资源。

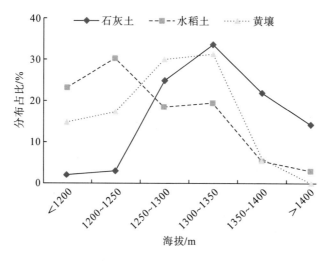

图 2-3   后寨河流域不同海拔土壤分布

2.6   不同土壤类型的属性差异

流域内不同土壤类型的肥力特征有所差异[图 2-4(a)]，不同土壤类型有机质含量均随着土层深入而逐渐减少，但不同土壤类型变化幅度不同。在 0～70cm 土层范围内，石灰土有机碳含量呈线性降低，之后降低幅度变化不大；在 50～100cm 土层范围内，水稻土和黄壤有机碳含量变化较小。在表土中，不同土壤类型有机质含量差异性较大，石灰土表层有机碳含量分别是水稻土和黄壤的 1.26 倍、1.73 倍。在总量上来说，石灰土有机碳含量最大，水稻土、黄壤次之。

流域内石灰土容重随着土层加深而呈先增大后稳定的趋势[图 2-4(b)]；水稻土和黄壤容重随土层加深呈先增大后减小的趋势。在 50～60cm 土层中，石灰土($1.41g/cm^3$)与黄壤($1.46g/cm^3$)容重达到最大，水稻土在 60～70cm 土层中达到最大($1.48g/cm^3$)。随着土层深度的变化，同一深度不同土壤类型容重差异也发生变化。基于采集土壤样本，流域内不同土壤类型土壤容重大小为：水稻土＞石灰土＞黄壤。

流域内石灰土石砾含量与水稻土、黄壤差异性较大[图 2-4(c)]，在 0～100cm 土层中，石灰土、水稻土和黄壤的平均石砾含量分别为 7.94%、4.28%和 4.54%。随着土层深度的增加，不同土壤类型的石砾含量均有所减少，但变化幅度有差异。

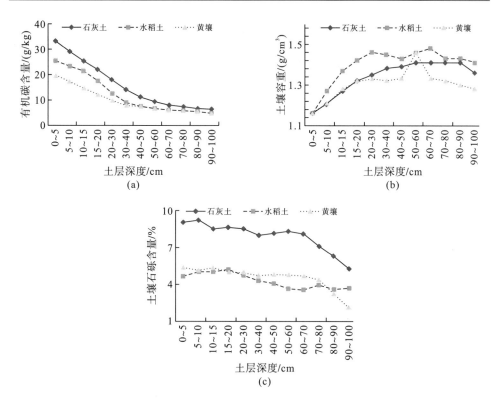

图 2-4 后寨河流域土壤属性垂直分布特征

第3章 喀斯特小流域土壤基本属性

3.1 喀斯特小流域土壤厚度分布特征

后寨河流域不同用地方式间土壤厚度存在较大差异,特别是农业生产用地与非农业生产用地之间差异很大(表 3-1)。经果林地土壤厚度相对较大,平均值达到了 88.73cm,其次是水田、旱地与园地,平均厚度分别为 83.91cm、73.35cm 与 71.98cm。其余用地土壤厚度相对较小,低于 60 cm。灌木林地与灌草地土壤厚度相对较低,平均厚度分别为 31.75 cm 和 30.07 cm。不同用地类型间土壤厚度的差异主要源于两个方面:①在土地利用中,土壤自然厚度是人类进行土地利用规划的主要因素之一,从而进行有意识的规划。土壤厚度大的被选中用于农业生产与经果林建设。而土壤厚度小的被遗弃,在自然演替与环境作用下演变为各种林地、草地或退化为荒地;②土地利用方式在很大程度上决定了后期人为干扰强度、植被覆盖情况,从而决定了水土流失强度。

表 3-1 后寨河流域各用地方式面积与土壤厚度情况表

用地类型	样点数	最小值/cm	最大值/cm	平均值/cm	标准离差/cm	变异系数	偏度系数	峰度系数
水田	400	16.00	>100.00	83.91	23.59	556.26	-1.24	0.22
旱地	988	7.00	>100.00	73.35	29.72	883.42	-0.68	-1.00
坡耕地	148	7.00	>100.00	56.16	30.70	942.78	0.31	-1.38
弃耕地	125	10.00	>100.00	49.34	31.74	1007.20	0.70	-1.01
园地	56	16.00	>100.00	71.98	26.03	677.51	-0.49	-0.90
乔木林地	169	5.00	>100.00	44.94	30.47	928.15	0.73	-0.83
乔灌木林地	55	7.00	>100.00	41.39	30.86	952.64	1.10	-0.21
灌木林地	172	5.00	>100.00	31.75	20.94	438.57	1.57	2.55
灌草地	71	7.00	>100.00	30.07	16.96	287.56	1.22	2.83
经果林地	48	20.00	>100.00	88.73	22.92	525.48	-1.72	1.40
草地	127	7.00	>100.00	56.03	30.75	945.69	0.30	-1.33
荒地	396	6.00	100.00	42.00	26.51	702.76	0.87	-0.29

研究表明,坡度是影响后寨河流域土壤厚度的主要因素。Person 相关性研究

表明，后寨河流域土壤厚度与坡度之间的相关系数为-0.459（$P<0.001$），具有极显著的统计意义（图 3-1）。随着坡度的增加，土壤厚度呈现明显的降低趋势。不同坡位间土壤厚度也存在较大差异：坡脚（61.82±1.16 cm）＞坡下部（50.23±2.16 cm）＞坡顶（49.72±2.45 cm）＞坡中部（43.25±1.14 cm）＞坡上部（35.73±2.12 cm）。坡位与土壤厚度之间的关系相对较复杂，主要涉及两个方面：影响坡度和影响微气候环境。从坡脚到坡上部，坡度逐渐增大：坡脚（10.92°±0.56°）＜坡顶（11.80°±1.51°）＜坡下部（19.53°±1.167°）＜坡中部（27.12°±0.89°）＜坡上部（34.50°±1.77°）。

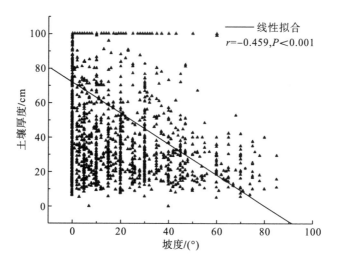

图 3-1　后寨河流域坡度与土壤厚度之间的关系

　　可以看出，坡度在各坡位的分布规律特征与土壤厚度在各坡位的分布规律特征极为相似。从坡脚到坡顶受微气候环境限制及人为干扰（土地利用方式）的作用下，地表植被覆盖也存在较大差异，水土流失程度也不一样。坡面土壤受雨水侵蚀的强度与坡度大小关系紧密（Fu et al.，2009）。何先进等（2012）研究认为，坡度的影响并不是随坡度增加而持续增大，达到临界值后，侵蚀强度随坡度增加而降低。

　　后寨河流域岩石类型多样，主要有白云岩、石灰岩、泥灰岩、砂页岩和第四纪黄黏土 5 大类，不同岩性的土壤厚度差异较大（表 3-2）。不同岩性下土壤厚度平均值大小为：砂页岩（90.78cm）＞第四纪黄黏土（88.27cm）＞泥灰岩（67.97cm）＞白云岩（53.30cm）＞石灰岩（51.08cm），总体上第四纪黄黏土土壤厚度较大，其主要集中分布于中、下游岗地，土层较为深厚。白云岩和石灰岩土壤厚度较小，因白云岩和石灰岩主要集中分布于上游的峰林、峰丛区域，故峰林、峰丛和孤峰等区域土壤较为浅薄。泥灰岩主要呈块状分布于上游的坡耕地，其他区域也有少量零星分布，土层较为浅薄。砂页岩主要呈块状分布于上游的坡耕地、水田等区域，其他区域也有少量零星分布，土层较为深厚。从变异系数来看，不同岩性的土壤厚度变异系数的大小不同，不同土壤厚度变异系数为392.45～1049.39。变异系数小于等于 10 时为弱变异，变异系数大于等于 10 且小于等于 100 时为中等强度变异，变异系数大于等于 100 时为强变异。后寨河流域不同岩性的土壤厚度呈现出强变异特征，喀斯特地区的土壤空间异质性体现在水平和垂直双重方向上，尤其是碳酸盐可溶性岩石的存在导致了地形地貌的复杂性和多样性，也就形成了岩性、土壤的空间分布格局呈现出较为复杂的异质性。

表 3-2　不同岩性土壤厚度情况

岩性	样点数	最小值/cm	最大值/cm	平均值/cm	变异系数	偏度系数	峰度系数
白云岩	791	6	>100	53.30	1049.39	0.38	-1.38
石灰岩	1144	5	>100	51.08	858.58	0.38	-1.17
砂页岩	332	9	>100	90.78	392.45	-2.32	4.75
泥灰岩	86	12	>100	67.97	849.84	-0.25	-1.45
第四纪黄黏土	222	7	>100	88.27	539.7	-2.00	2.95

不同坡位土壤土壤厚度差异较大(图 3-2)，洼地土壤最为深厚，达 84.23cm；坡脚和坡顶土壤厚度次之，分别为 59.70cm 和 51.96cm；下坡、中坡、上坡土壤厚度依次减小，上坡土壤最为浅薄，仅为 33.20cm。由此可知，从上坡到中坡到下坡再到坡脚和洼地，土壤厚度依次增加。这与地形影响密切相关，上坡土壤向下流失，在坡脚、洼地积累。坡顶土壤厚度高于上坡的原因在于坡顶相对平坦，土壤不易向下流失。

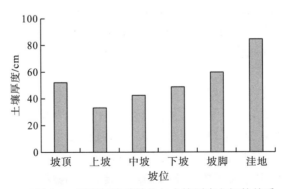

图 3-2　后寨河流域坡位与土壤厚度之间的关系

不同坡度土壤厚度差异较大(图 3-3)，坡度小于 5°的区域土层最为深厚，平均土壤厚度为 75.01 cm；坡度为 5°～8°的区域平均土壤厚度次之，为 63.43 cm；

坡度为 8°～15°的区域平均土壤厚度为 48.07 cm；坡度为 15°～25°和 25°～35°的
区域平均土壤厚度差异较小，分别为 43.00 cm 和 44.03 cm；坡度大于 35°的区域
土层最为浅薄，平均土壤厚度仅为 30.45 cm。由此可知，土壤厚度随坡度增加而
减小。坡度大的地方易发生水土流失，而坡度小的地方易于土壤堆积。

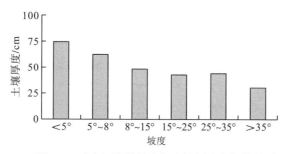

图 3-3　后寨河流域坡度与土壤厚度之间的关系

　　不同海拔土壤厚度差异较大(图 3-4)，区内海拔为 1190.4～1567.4m，其中海拔
小于 1200m 和 1200～1250m 区域土层最为深厚，平均土壤厚度在 90cm 左右；海拔
为 1250～1300m 区域平均土壤厚度次之，为 68.92cm；海拔大于 1400m 区域土层最
为浅薄，平均土壤厚度仅为 30.31cm。由此可知，土壤厚度随海拔增加而变薄。海
拔低的地方土层深厚，海拔高的地方土层浅薄。

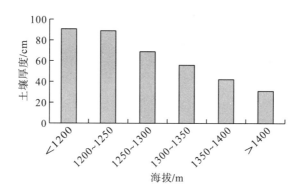

图 3-4　后寨河流域海拔与土壤厚度之间的关系

　　后寨河流域内土壤的空间分布差异较大，上游主要分布黑色石灰土和黄色石灰
土两种自然土壤，中游主要分布大泥田、黄泥土、黑色石灰土和黄色石灰土等土壤，
下游主要分布黄泥土、大泥田、黄泥田、黑色石灰土和黄色石灰土等土壤。在上游
样带区，土壤厚度总体较为浅薄，每个采样点的土壤厚度差异较大，且厚薄交错分
布[图 3-5(a)]，说明上游地貌主要为峰林、峰丛和洼地，且相互交错分布，峰林、
峰丛上的土壤较为浅薄，而洼地上的土壤较为深厚。在中游样带区，北段采样点的
土壤厚度最为浅薄，南段其次，中段较为深厚，大多超过 100cm[图 3-5(b)]，这说

明北段和南段主要为峰丛、洼地地貌，地形起伏较大，中段主要为洼地、岗地地貌，地势较为平坦。在下游样带区，采样点的土壤厚度几乎都大于100cm，较为深厚，仅极少部分土壤厚度较浅［图3-5(c)］，说明下游区域地势总体较为平坦，多为洼地、岗地，少量分布峰丛、孤峰等地貌。

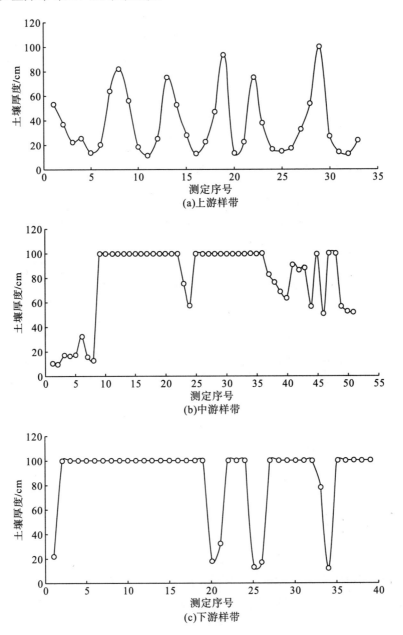

图3-5　后寨河流域土壤厚度分布

3.2　喀斯特小流域土壤容重分布特征

后寨河流域各土地利用方式土壤容重总体上(灌木林地例外)皆呈现出先增大后逐渐降低的趋势(图 3-6)。土壤容重剖面特征与用地方式密切相关。同一土壤层，人为干扰强度较大的水田、旱地、坡耕地、弃耕地与园地的土壤容重大于人为干扰强度较小的乔木林地、乔灌木林地、灌木林地及灌草地。草地土壤容重在表层 40 cm 大于各种林地，50 cm 及更深土壤层与乔灌木林地相接近。灌木林地土壤容重基本上一致呈现上升趋势，仅在第 50～60 cm 土壤层略有下降，其第 12 层土壤容重是所有用地类型中最高的。经果林地表层 30 cm 土壤容重与耕地类似，更深土壤层则逐步向林地接近。荒地土壤容重在 0～60 cm 土壤层皆逐步上升，60～90 cm 土壤层稳定在 1.45～1.46 g/cm^3 之间，在 90～100 cm 土壤层下降至 1.40 g/cm^3。

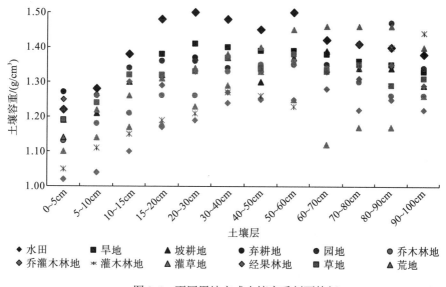

图 3-6　不同用地方式土壤容重剖面特征

不同土壤类型下土壤容重分布特征见表 3-3。总体趋势上，黑色石灰土、黄色石灰土和小土泥容重随着土层加深而逐渐增大；黄泥土、大土泥、白大土泥、大泥田、黄泥田容重均随着土层加深而呈先增大后减小的趋势；大土泥和白大土泥在深层趋于稳定；黄泥土在深层有增大的趋势；白砂土容重随着土层加深呈先减小后增大的趋势。黑色石灰土、黄色石灰土和小土泥底层容重最大，大泥田和黄泥田犁底层容重最大，其余土属容重均在 A 层与 B 层之间的过渡带最大。同一层位不同土属容重差异较大，在 15～20cm 大泥田容重比黑色石灰土的大 0.16g/cm^3。大泥田犁底层容重最大值为 1.44g/cm^3，黑色石灰土表层容重最小值为 0.94g/cm^3。

表 3-3 不同土属中土壤容重平均值（标准离差）

（单位：g/cm³）

土壤类型	0~5 cm	5~10 cm	10~15 cm	15~20 cm	20~30 cm	30~40 cm	40~50 cm	50~60 cm	60~70 cm	70~80 cm	80~90 cm	90~100 cm
黑色石灰土	1.22 (0.009) D	1.28 (0.009) E	1.15 (0.017) A	1.20 (0.037) A	1.30 (0.037) A	1.37 (0.018) BC	1.38 (0.007) B	1.39 (0.029) AB	1.40 (0.054) B	1.44 (0.054) B	1.46 (0.029) BA	1.44 (0.077) B
黄色石灰土	1.19 (0.006) C	1.24 (0.007) D	1.20 (0.020) A	1.25 (0.036) A	1.29 (0.057) A	1.35 (0.033) A	1.37 (0.028) AB	1.38 (0.008) A	1.40 (0.010) B	1.39 (0.010) B	1.35 (0.049) AB	1.32 (0.009) A
黄泥土	1.19 (0.015) CD	1.21 (0.015) CD	1.21 (0.009) D	1.28 (0.041) A	1.33 (0.009) A	1.32 (0.017) D	1.33 (0.092) A	1.32 (0.034) A	1.32 (0.029) A	1.31 (0.021) CD	1.29 (0.057) A	1.28 (0.030) A
黄泥田	1.27 (0.020) E	1.28 (0.017) E	1.29 (0.023) BC	1.37 (0.020) B	1.49 (0.059) B	1.45 (0.029) BA	1.43 (0.020) AB	1.43 (0.054) B	1.41 (0.054) B	1.39 (0.022) B	1.39 (0.020) B	1.35 (0.033) AB
大泥田	1.22 (0.024) D	1.26 (0.025) DE	1.25 (0.019) B	1.36 (0.028) AB	1.52 (0.029) BA	1.46 (0.025) B	1.48 (0.059) B	1.47 (0.059) B	1.45 (0.059) B	1.42 (0.054) B	1.42 (0.054) B	1.43 (0.027) B
大土泥	1.13 (0.017) B	1.18 (0.017) C	1.27 (0.035) A	1.36 (0.018) AB	1.43 (0.059) B	1.42 (0.010) B	1.43 (0.025) B	1.45 (0.020) AB	1.44 (0.027) B	1.42 (0.054) B	1.44 (0.077) B	1.44 (0.026) A
白大土泥	1.02 (0.030) A	1.04 (0.035) A	1.19 (0.016) CD	1.26 (0.021) A	1.34 (0.018) DE	1.35 (0.033) AB	1.37 (0.019) B	1.36 (0.028) B	1.39 (0.007) B	1.38 (0.022) B	1.36 (0.049) AB	1.26 (0.021) A
小土泥	1.05 (0.017) AB	1.11 (0.016) AB	1.26 (0.020) DE	1.34 (0.037) AB	1.40 (0.018) B	1.39 (0.015) B	1.39 (0.007) B	1.41 (0.054) B	1.38 (0.028) AB	1.37 (0.019) B	1.38 (0.028) AB	1.37 (0.020) B
白沙土	1.10 (0.028) B	1.14 (0.023) BC	1.27 (0.020) E	1.29 (0.043) AB	1.39 (0.015) B	1.42 (0.054) B	1.40 (0.007) B	1.43 (0.025) B	1.43 (0.010) B	1.42 (0.054) B	1.38 (0.029) AB	1.32 (0.052) AB

注：不同大写字母代表差异性显著（$P<0.05$）

3.3 喀斯特小流域土壤有机质分布特征

3.3.1 土壤有机碳含量水平分布特征

对 2755 个土壤剖面、23536 个土壤样品有机碳含量进行常规统计分析(表 3-4)发现,土壤样品的有机碳平均含量为 16.40g/kg,变幅为 0.13~128.74g/kg,极差为 128.61g/kg,变化范围较宽,最大值是最小值的 990.31 倍。表层土壤(0~20cm)有机碳平均含量为 25.07g/kg,最小值仅为 0.53g/kg,而最大值为 128.74g/kg,极差范围为 117.50 g/kg,具有高度变异性。整个剖面(0~100cm)土壤有机碳平均含量为 20.71g/kg,变幅为 0.13~128.74g/kg。分层来看,0~10cm 土层土壤有机碳平均含量最高,为 24.87g/kg,10~20cm 土层次之,为 19.21g/kg,随着土层加深,土壤有机碳平均含量减小,90~100cm 土层达到最小,为 5.25g/kg。各土层土壤有机碳含量变异性较大,变异系数变化范围为 53.11~75.28,在 10~100 表现出中等变异强度。

表 3-4 土壤有机碳含量统计特征

指标	0~10cm	10~20cm	20~30cm	30~40cm	40~50cm	50~60cm	60~70cm	70~80cm	80~90cm	90~100cm
最小值/(g/kg)	0.80	0.53	0.43	0.42	0.23	0.23	0.15	0.21	0.13	0.13
最大值/(g/kg)	128.74	98.22	77.05	81.17	62.06	56.63	52.23	51.50	29.68	31.23
平均值/(g/kg)	34.87	19.21	14.60	10.96	8.96	7.57	6.80	6.17	5.64	5.25
标准离差/(g/kg)	13.21	11.37	9.59	7.43	6.14	5.22	4.83	4.64	4.05	3.95
变异系数	53.11	59.19	65.68	67.78	68.55	68.94	71.05	75.28	71.79	75.23

根据全国第二次土壤普查应用的分级系统,将流域表层土壤有机碳平均含量划分为 6 级(表 3-5)。结果表明,后寨河流域表层(0~20 cm)土壤有机碳平均含量处于相当高的水平,其中 91.72%的土壤样点属于前三个等级,43.27%的样点属于第一个等级,仅有 8.28%的样品属于最后三个等级。通过对表层土壤有机碳频率统计发现,平均含量在 10.01~20.00 g/kg 出现的频率最高,达 1069 个以上,占总样点的 38.8%。次高频率为 20.01~30.00g/kg 的含量值,在 883 个以上,占总样点的 32.1%。含量大于 90 g/kg 的较少,频数为 22 个,占总样品的 0.8%。表层土壤有机碳平均含量的偏度为 1.847,正偏(右偏),数据有相对聚集的趋势。表层土壤

有机碳平均含量的峰度为 4.941，为尖峰分布，其分布比标准正态分布陡峭，各样本数据差异较大。

表 3-5　表层土壤有机碳含量分级

划分等级	一	二	三	四	五	六
有机碳含量分级标准/(g/kg)	>23.2	17.4~23.2	11.6~17.4	5.8~11.6	3.5~5.8	<3.5
频数/个	1192	682	653	208	16	4
百分比/%	43.27	24.75	23.70	7.55	0.58	0.15
累积百分比/%	43.27	68.02	91.72	99.27	99.80	100.00

　　根据全国第二次土壤普查应用的分级系统，将流域剖面土壤有机碳平均含量划分为 6 级(表 3-6)。结果表明，后寨河流域剖面(0~100 cm)土壤有机碳平均含量处于较高的水平，其中 82.18%的土壤样点属于前三个等级，33.21%的样点属于第一个等级。剖面土壤有机碳平均含量的分布特征与表层平均含量类似，只是其偏度略大而峰度略小。剖面土壤有机碳平均含量的偏度为 1.929，数据的右偏程度更高。剖面土壤有机碳平均含量值分布的峰度为 4.843，为尖峰分布，相对表层土壤各样本数据差异略小。剖面土壤有机碳平均含量在 10.01~20.00 g/kg 出现的频率最高，达 1128 个以上，占总样点的 40.9%，次高频率为 20.01~30.00 g/kg 的含量值，在 527 个以上，占总样点的 19.1%。含量大于 90g/kg 的较少，频数为 39 个，占总样点的 1.3%。

表 3-6　剖面土壤有机碳含量分级

划分等级	一	二	三	四	五	六
有机碳含量分级标准/(g/kg)	>23.2	17.4~23.2	11.6~17.4	5.8~11.6	3.5~5.8	<3.5
频数/个	915	654	695	386	91	14
百分比/%	33.21	23.74	25.23	14.01	3.30	0.51
累积百分比/%	33.21	56.95	82.18	96.19	99.49	100

3.3.2　土壤有机碳含量垂直分布特征

　　喀斯特地区土壤剖面内的土壤有机碳的分布与地表植物的枯落物数量和根系在土壤中的垂直分布状况、土壤淋溶状况及水土流失状况等因素有关(吕超群等，2004)。流域内土壤有机碳平均含量在垂直方向上总体表现出随土层加深而递减的规律，0~40cm 土层深度内土壤有机碳含量表现为：随土层厚度加深减少较快；40cm 以下减少幅度变小并趋于稳定(图 3-7)。表层中 0~5cm 土层土壤有机碳平均含量最高，为 29.66g/kg；5~10cm 土层次之，为 25.77g/kg；10~15cm 土层为

22.26g/kg；15～20cm 土层为 18.84g/kg，表现出明显的表聚性。原因在于表土层凋落物累积丰富且厚度大，大量的枯落物腐烂分解后输入土壤的有机碳主要聚集在土壤表层，且植物根系主要集中分布在表层土壤，死亡的根系和根系分泌物也为表层土壤提供了丰富的有机碳来源(黄从德等，2009)。

　　随着土层深度增加，土壤有机碳平均含量减小，90～100cm 土层达到最低，为 5.25g/kg，这是因为随着土层加深，土壤容重增大，不利于根系生长及凋落物淋洗水所携带的有机碳向下淋溶迁移，土壤微生物、有机物质在向下扩散过程中受到限制，植物根系等相应减少(吴鹏等，2012；张立勇等，2015)，因此，随着土层加深，动植物影响减小，输入的有机碳逐渐减少，深层土壤有机碳含量少。

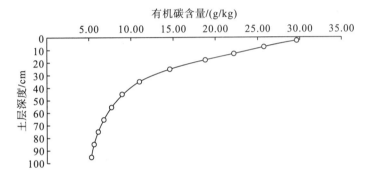

图 3-7　土壤有机碳含量垂直分布图

第4章 喀斯特小流域土壤空间异质性

4.1 喀斯特小流域岩石裸露率

后寨河流域内石灰土区石漠化较为严重，大量岩石裸露于地表，将土被分割成大小不一的斑块，导致土被不连续。从不同土属分区 10m 典型样线角度来看，岩石和土壤在水平空间上呈交错分布，且岩石与土壤之间的间隔各不相同，岩石部分长度所占样线总长度的比例也各不相同(图 4-1)。黑色石灰土区和黄色石灰土区土壤所占比例明显高于其他分区，主要原因是黑色石灰土区和黄色石灰土区分布于峰丛之上。白砂土区大多分布于峰丛的山脚，白大土泥区、小土泥区和大土泥区依次远离山脚，地势逐渐变缓为平地，岩石分布逐渐减少。

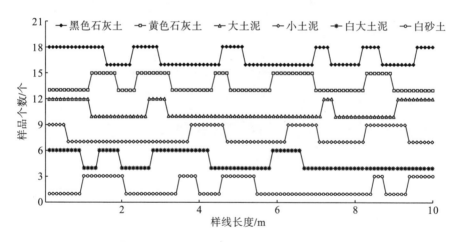

图 4-1 不同土属分区岩石－土壤 10m 样线分布图

4.2 喀斯特小流域样地尺度土壤异质性

4.2.1 石灰岩样地土壤空间异质性

对喀斯特森林天龙山样地 0～5cm、5～10cm、10～15cm、15～20cm 四层土壤样品进行有机碳含量测试，并统计结果见表 4-1。统计结果表明，随着土壤层次的深入，能采集到的土壤样品数急剧下降，同时有机碳含量逐渐减小，标准离差逐渐降低，变异系数不断上升。从变异系数 CV 来看，4 层土壤有机碳均为中等变异（$25 > CV > 75$）。从极值来看，4 层有机碳含量最大值均在 100g/kg 以上，而最小值小于 5g/kg，最小的差距为第 4 层，其有机碳含量最大值与最小值都相差近 30 倍，可见其变异巨大。

表 4-1　样地土壤各层土壤有机碳含量统计特征

层数	土层深度/cm	最大值/(g/kg)	最小值/(g/kg)	平均值/(g/kg)	标准离差/(g/kg)	变异系数	偏度	峰度	样本数/个
1	0~5	115.88	2.82	72.82	22.8	31.31	0.274	0.481	1350
2	5~10	114.36	1.93	50.57	21.52	42.55	0.707	0.396	900
3	10~15	113.23	2.93	41.82	20.82	49.78	1.047	1.048	581
4	15~20	104.38	3.5	33.47	16.98	50.73	1.486	3.295	413

采用地统计学方法对沙湾样地土壤空间异质性进行统计，由表 4-2 和图 4-2 可以看出，各层土壤有机碳的地统计学最佳模拟模型不同，但仍能比较出随着土壤采样层次的深入，变程有减小的趋势。说明随着采样层次的深入，有机碳含量的自相关距离变短。从 Kriging 插值图中也可看出，第 4 层相对其他三层有机碳含量分布更为杂乱，高低值互相穿插，图中显示为亮色和暗色小斑块错综复杂，这与表 4-2 中仅 1.17m 明显低于其他三层的变程的结果相同。

表 4-2　各层有机碳含量半方差模型及参数

层数	模型	块金值	基台值	块金值/基台值	变程/m	决定系数	残差平方和
1	指数模型	644	1519	0.424	18.00	0.982	7832
2	高斯模型	369	738.1	0.500	17.18	0.985	2446
3	球状模型	250.2	540.7	0.463	10.62	0.953	5940
4	指数模型	24	315.8	0.076	1.17	0.442	4411

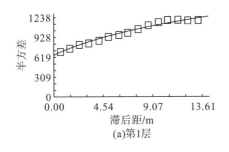

(a)第1层

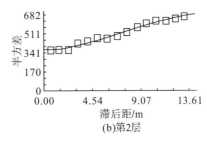

(b)第2层

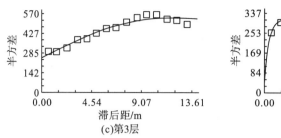
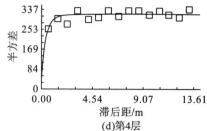

图 4-2　各层土壤有机碳含量半方差函数图

表 4-3 可看出各层内各小生境间土壤有机碳含量均值及组间比较情况，石洞小生境由于采样数量过少，不能比较组间差异，其余小生境在各层层内均显示出不同的差异性。但其中最为重要也是最明显的就是每一层的大多小生境间有机碳含量均值差异是显著的。第 1 层的土面与石沟、石缝、石土面间在 0.01 水平下差异极显著；第 2 层土面与石沟、石缝、石土面间差异极显著，石沟与石缝间在 0.05 水平下差异显著；第 3 层土面与石沟、石土面间差异极显著，石土面与土面、石缝间差异极显著；第 4 层土面与石缝、石土面间差异极显著。

表 4-3　各层内各小生境有机碳含量及方差分析　　　　　　（单位：g/kg）

层数	土面	石沟	石缝	石洞	石坑	石土面
1	69.36A	78.59B	78.7B	110.98	75.59AB	80.06B
2	47.49A	62.93b	55.56c	—	—	61.1bc
3	39.57A	49BC	41.57AC	—	—	54.36B
4	30.96A	36.55AB	39.34B	—	—	44.24B

注：表中数值代表该层小生境有机碳含量均值；字母代表组间差异，小写字母代表在 0.05 水平下差异显著，大写字母代表在 0.01 水平下组间差异显著

天龙山样地属于喀斯特森林中坡位样地，岩石出露率低，仅为 10%，且分布规则，仅有一条岩石裸露带沿样地左下—右上分布。天龙山样地表层有机碳含量的变异系数相对较大，从变异系数 CV 来看，均属于中等变异，同样随着深度的增加，变异系数 CV 逐渐增加，从极值来看，四层土壤最大值都是最小值的 30 倍以上。而地统计学半变异函数模型参数中的变程体现的是随着采样层次的深入，土壤有机碳的空间自相关距离减短，从第 1 层的 18m 到第 4 层的 1.17m，从有机碳含量 Kriging 插值图可以得到，随着采样层次的深入，高低值区逐渐变得零散，有相应值区形成的斑块逐渐变为斑点，第 4 层的斑点状值区分布尤为明显，可见天龙山样地有机碳含量空间变异性从表层到深层逐渐变大（图 4-3）。基于统计学方法，该样地 0～5 cm 层采样距离不超过 36 m。

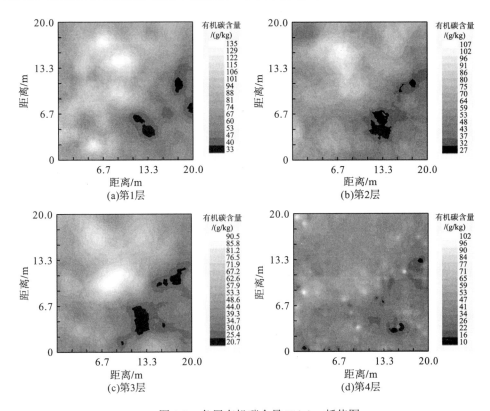

图 4-3　各层有机碳含量 Kriging 插值图

4.2.2　白云岩样地土壤空间异质性

通过对陈家寨白云岩样地 0～5cm、5～10cm、10～15cm、15～20cm 四层土壤样品的有机碳含量测试，并统计结果(表 4-4)。统计结果表明，随着土壤层次的深入，有机碳含量逐渐减小，变异系数 CV 不断上升。从变异系数 CV 来看，第 1 层有机碳含量变异程度低(小于 25)，第 2、3、4 层属于中等变异(25～75)。从极值来看，第 1 层的极值相差达 25 倍，第 3 层极值相差达 33 倍，而第 2、4 层有机碳含量极值相差却只有 7～8 倍，说明极值相差与变异系数 CV 无明显相关。

表 4-4　样地土壤各层土壤有机碳含量统计特征

层数	土层深度 /cm	最大值 /(g/kg)	最小值 /(g/kg)	平均值 /(g/kg)	标准离差 /(g/kg)	变异系数	偏度	峰度
1	0～5	110.52	4.42	54.02	13.28	24.58	0.092	1.07
2	5～10	89.55	12.07	46.41	11.95	25.75	0.707	0.396
3	10～15	75.18	2.28	42.09	13.25	31.48	1.047	1.048
4	15～20	55.1	6.59	38.08	11.5	30.20	1.486	3.295

对白云岩样地有机碳含量进行地统计学统计，第3、4层由于样点数量过少无法进行统计，表 4-5 和图 4-4 表示地统计过程中半方差函数及相应特征值，可以看出该样地各层土壤有机碳的地统计学最佳模拟模型分别为指数模型和球状模型，两层有机碳含量地统计特征值中变程差距较大，第 1 层为 9.12m，第 2 层为 18.99m。根据地统计学对半方差函数的定义，变程范围内的点特征值之间具有自相关关系。因此，第 1 层土壤有机碳含量在 9.12m 内具有空间相关关系，第二层则相应地在 18.99m 内具有空间相关关系，从样地各层有机碳含量 Kriging 插值图（图 4-5）中可以看出，第 1 层高低值点分布明显比第 2 层杂乱，有机碳含量变异程度高，这也是变程大小与空间相关性的印证。白云岩样地几乎没有基岩出露，相应地就没有相应的小生境区别。

表 4-5　各层有机碳含量半方差模型及参数

层数	模型	块金值	基台值	块金值/基台值	变程/m	决定系数	残差平方和
1	指数模型	91.8	183.7	0.500	9.12	0.88	865
2	球状模型	90.2	195.9	0.460	18.99	0.863	868

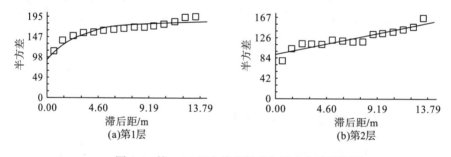

图 4-4　第 1、2 层土壤有机碳含量半方差函数图

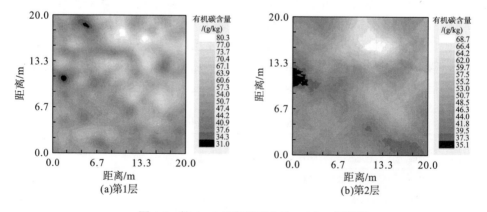

图 4-5　第 1、2 层有机碳含量 Kriging 插值图

4.3　喀斯特小流域土壤基本属性的空间异质性

4.3.1　土壤厚度空间异质性

后寨河流域属于典型喀斯特高原型地貌，地形地貌复杂，小生境多样，加上生态环境脆弱，造成流域石漠化情况与土壤厚度空间异质性极大，土地利用方式较为复杂。通过实地调查研究，共记录了 2755 个有效样点土壤的相关信息，其余425 个样点设置在建筑地或水域(居民房、公路、机耕道、工业园区或河道，未采集)。基于人为干扰及植被覆盖情况，本书将后寨河流域土地利用方式分为水田(主要用于水稻种植)、旱地(主要分布于平地或丘陵的耕作地，坡度较小或无坡度)、坡耕地(分布于山脉或大山上的耕作地)、弃耕地(因环境恶劣或当前劳动力短缺放弃的耕作地)、园地、乔木林地、乔灌木林地、灌木林地、灌草地、经果林地、草地与荒地(无乔灌木分布，仅有少量杂草分布的非耕作用地)。

由于样点设置基于地形图，密度大，人为主观干扰度较小，样点数乘以单个样点代表面积基本能代表各用地面积。基于实地调研数据，后寨河流域建筑用地与水域面积之和约为 11.79 km²。后寨河流域不同用地方式中，旱地面积相对较大，为 22.23 km²；其次为水田与荒地，分别达到了 9.00 km² 与 8.91 km²。其余用地类型面积皆小于 4 km²。田间调查研究表明，后寨河流域土壤厚度表现出高度的空间差异性(图 4-6)。总体上，中部及西部区域土壤厚度明显大于东部区域。其主要

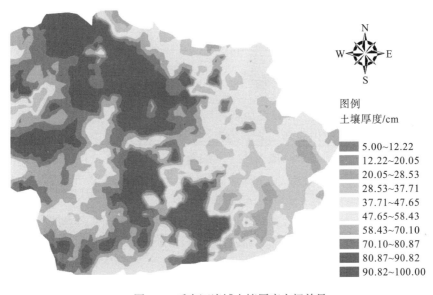

图 4-6　后寨河流域土壤厚度空间差异

源于特殊的地形、地貌的差异，后寨河流域东部主要为峰丛洼地，而中部及西部则主要为平地、丘陵，零星分布有孤山。故流域中部及西部土壤厚度相对较大，孤山上相对较小；流域东部及东北部则相对较小。

4.3.2 岩石裸露率空间异质性

采用遥感数据验证和实地踏勘相结合的方法，对不同土属进行归类分区，各分区交错分布于流域内，每个土属分区面积差异较大(表 4-6)。其中，大泥田面积分布最大，为 22.29km², 白砂土面积最小，为 1.74km², 不同土属面积分布大小顺序为：大泥田＞黄泥土＞黄色石灰土＞黑色石灰土＞黄泥田＞大土泥＞白大土泥＞小土泥＞白砂土。黑色石灰土区和黄色石灰土区一般位于峰丛上，二者相互渗透，用二者采样点数量权重区分，换算得到黑色石灰土区和黄色石灰土区面积分别为 9.89km² 和 11.99km²。

表 4-6 不同土属相关指标描述

相关指标	黄泥土	黑色石灰土	黄色石灰土	大土泥	小土泥	白大土泥	白砂土	大泥田	黄泥田
分布面积 /km²	15.88	9.89	11.99	3.39	2.65	2.73	1.74	22.29	3.61
岩石裸露率/%	0	43.34± 23.62	37.83± 21.51	29.22± 13.06	33.09± 17.65	37.82± 15.26	35.42± 19.67	0	0
石砾含量 /%	1.02±0.13	21.56± 10.56	19.68±7.07	9.26±5.06	12.32±4.29	15.42±7.21	17.01±9.43	0	0
土壤厚度 /cm	100±13	20±11	32±16	85±27	58±33	64±33	33±25	87±23	93±17

4.3.3 石砾含量空间异质性

流域内水稻土、石灰土和黄壤块状与稀疏交错分布，形成高度的空间异质性。在统计土壤分布面积时没有考虑岩石的存在，而石灰土区石漠化较为严重，大量岩石裸露于地表，将土被分割成大小不一的斑块，土被不连续，因此，土壤分布面积需用岩石裸露率进行修正。不同土属分区岩石裸露率存在一定的差异(表 4-6 和图 4-7)，黑色石灰土区最大，为 43.34%，耕地中大土泥区最小，为 29.22%。在大泥田区域和黄泥田区域，裸露的岩石几乎没有分布，岩石裸露率计为 0。石砾含量的分布特征和岩石裸露率的分布基本一致，大泥田和黄泥田的石砾含量为零，其他土壤类型的石砾含量大小顺序为：黑色石灰土＞黄色石灰土＞白砂土＞白大土泥＞小土泥＞大土泥＞黄泥土。

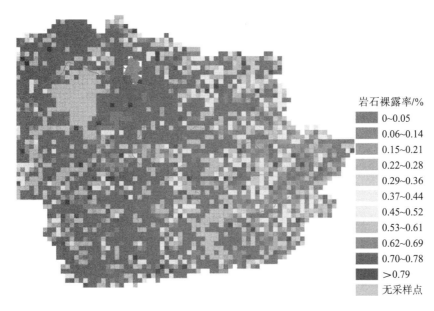

图 4-7 后寨河流域各采样点岩石裸露率分布图(后附彩图)

石灰土由碳酸盐岩发育而成,成土速率较慢,加之石质山区水土流失严重,峰丛上的土壤很薄,存在大量无土壤的石面或裸地,而洼地土壤相对较深厚。不同土属的土壤厚度差异较大,黄泥土区域土壤厚度基本上超过 100cm,而黑色石灰土区则约为 20cm,部分区域甚至仅几厘米。黄泥土区为旱地,由第四纪黄黏土发育而成的黄壤较为深厚,而极少部分由砂页岩发育而成的黄壤较为浅薄,将其划归黄泥土区,因此,黄泥土区土壤厚度计为 100cm。大土泥区、小土泥区、白大土泥区、白砂土区也均为旱地,深浅不一,白砂土区较浅。大泥田区和黄泥田区为水田,流域上游大泥田区土壤厚度较浅,下游较深,黄泥田区土壤厚度大多超过 100cm。黑色石灰土区和黄色石灰土区为自然土壤,分布在峰丛上,土壤厚度均较浅。

4.4 喀斯特小流域土壤有机碳空间异质性

4.4.1 土壤有机质垂直分布特征

后寨河流域各土壤层有机质频数分布情况见图 4-8。垂直方向上,土壤有机质随土壤深度的增加而逐渐降低。统计结果显示,所有土壤层有机质含量分布的偏态系数(α)皆在 1~3 之间,说明各层土壤有机质含量分布皆呈现右偏态分布。而所有土壤层有机质含量分布的峰度系数(β)皆大于 3,表示分布曲线呈尖顶峰度,为尖顶曲线,说明各层土壤有机质含量的次数较为密集地分布在众数的周围，特别是 60～70 cm 层和 70～80 cm 层，β 值分别达到了 14.61 和 16.38，也可以看出这两土壤层土壤有机质含量分布非常集中。

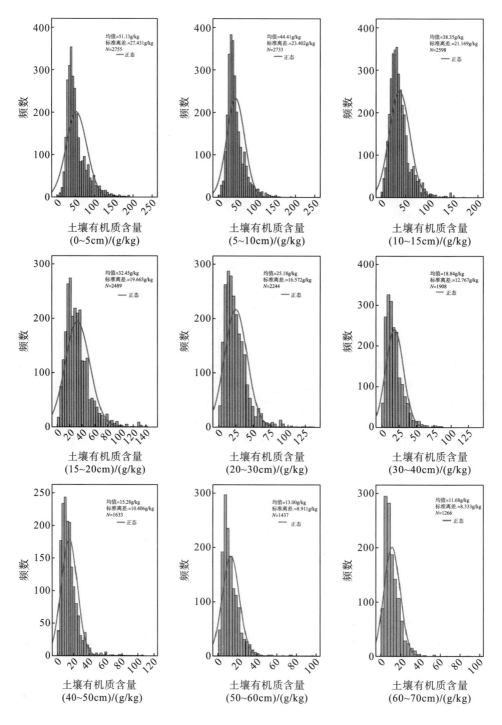

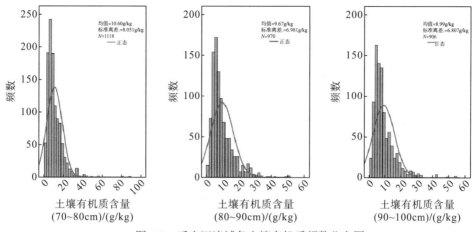

图 4-8　后寨河流域各土壤有机质频数分布图

4.4.2　土壤有机质水平分布特征

水平方向上，后寨河流域各土壤层有机质皆表现出较大差异(表 4-7 和图 4-9)，随土壤深度的增加，除偏度与峰度外的所有统计参数皆呈降低趋势。0～5cm 土壤层，土壤有机质最小值、最大值和平均值分别为 1.79g/kg、220.98g/kg 和 51.13 g/kg，变异系数达到了 752.46。90～100 cm 土壤层，土壤有机质最小值、最大值和平均值分别降到了 0.22 g/kg、53.84 g/kg 和 8.99 g/kg，而变异系数则降低到 46.33。通过表 4-7 可以看出，后寨河流域各土壤层有机质水平方向的差异主要存在于表层 50 cm，50 cm 以下土壤有机质含量的水平差异较小。

表 4-7　后寨河流域土壤有机质含量统计表

土层深度/cm	最小值/(g/kg)	最大值/(g/kg)	平均值/(g/kg)	标准误差/(g/kg)	标准离差/(g/kg)	变异系数	偏度	峰度
0～5	1.79	220.98	51.13	0.52	27.43	752.46	1.67	3.77
5～10	1.38	221.95	44.41	0.45	23.40	547.65	1.88	5.77
10～15	1.67	169.33	38.35	0.42	21.17	448.15	1.65	4.53
15～20	0.91	145.06	32.45	0.39	19.67	386.72	1.63	4.38
20～30	0.74	132.83	25.18	0.35	16.57	274.63	1.69	4.66
30～40	0.72	139.94	18.84	0.29	12.77	163.00	2.03	8.32
40～50	0.40	106.99	15.28	0.26	10.41	108.28	2.10	8.62
50～60	0.40	97.63	13.00	0.24	8.94	79.94	2.27	10.91
60～70	0.26	90.04	11.68	0.23	8.33	69.43	2.57	14.61
70～80	0.36	88.79	10.60	0.24	8.05	64.82	2.85	16.38
80～90	0.22	51.17	9.67	0.22	6.98	48.74	1.89	5.07
90～100	0.22	53.84	8.99	0.23	6.81	46.33	2.26	8.08

造成土壤有机质这种分布特征的主要原因两个方面：①地形地貌与环境因子，地形地貌与地理环境因子的作用有直接的，也有间接的。直接作用是地形地貌因子直接影响土壤有机质的滞留情况，如坡度的大小是影响土壤有机质（特别是溶解性有机质）流失的主要因素。间接作用则主要是影响土壤有机质的地球化学行为，如坡度、坡向、坡位、海拔等皆会对土壤微环境产生一定影响，导致土壤微环境与微生物群落结构等存在较大差异，从而改变土壤有机质的存在形态、矿化速度、迁移转化速率等。②人为干扰，人为干扰的作用主要通过对土地的利用来实现，而人类对土地的利用规划差异主要源于土地质量、地理环境、社会经济结构及政策导向。土地质量与地理环境决定了土地实用性，如坡度大且土壤厚度小的土地只能被遗弃，在不同的气候环境与自然生态系统演替的作用下演替为草地、灌草地或灌木林地，或者在恶劣条件下退化为荒地，难以用作耕地或乔木林地。社会经济结构则体现了社会的需要，如农作物、药材、观赏花卉、经济果树、经济材林等。培育简单、种植经济效益高且适合种植的作物与植被，农民会优先考虑。政策导向则体现了政府（主要是地方政府）的整体安排与考虑，如生态环境建设、建旅游区、行政区划等。人为干扰对土壤有机质影响的本质是植被差异。

与平原丘陵地区相比，后寨河流域土壤有机质水平方向上的空间分布差异还有一个重要的影响因素——土壤厚度。后寨河流域是典型的喀斯特山地，土壤厚度存在较大的空间差异。在所采集 2755 个有效样点中，有 12 个点土壤厚度不足 10cm，占有效样点数的 0.43%；157 个样点土壤厚度不足 15 cm，占有效样点数的 5.70%；266 个样点土壤厚度不足 20cm，占有效样点数的 9.66%；511 个样点土壤厚度不足 25 cm，占有效样点数的 18.55%；847 个样点土壤厚度不足 35cm，占有效样点数的 30.74%；1122 个样点土壤厚度不足 45cm，占有效样点数的 40.72%；1318 个样点土壤厚度不足 55cm，占有效样点数的 47.84%；1489 个样点土壤厚度不足 65 cm，占有效样点数的 54.05%；1637 个样点土壤厚度不足 75cm，占有效样点数的 58.99%；1785 样点土壤厚度不足 85cm，占有效样点数的 64.79%；1849 样点土壤厚度不足 95cm，占有效样点数的 67.11%。如图 4-9 所示，随着土壤厚度的增加，部分区域因无土壤分布而无土壤有机质信息。

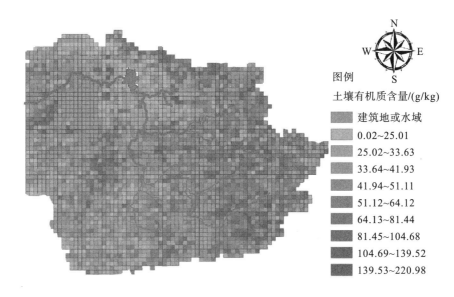

（a）0~5cm

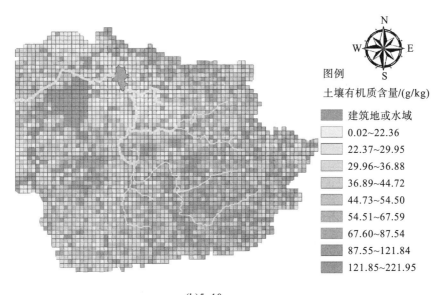

（b）5~10cm

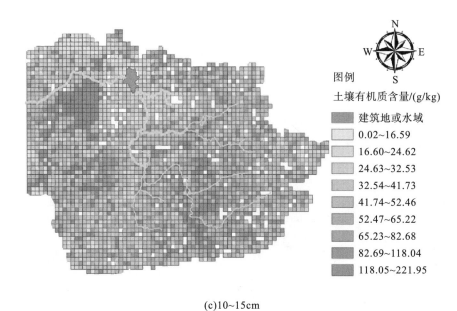

图例

土壤有机质含量/(g/kg)

建筑地或水域
0.02~16.59
16.60~24.62
24.63~32.53
32.54~41.73
41.74~52.46
52.47~65.22
65.23~82.68
82.69~118.04
118.05~221.95

(c)10~15cm

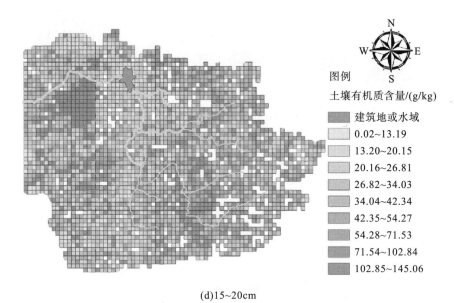

图例

土壤有机质含量/(g/kg)

建筑地或水域
0.02~13.19
13.20~20.15
20.16~26.81
26.82~34.03
34.04~42.34
42.35~54.27
54.28~71.53
71.54~102.84
102.85~145.06

(d)15~20cm

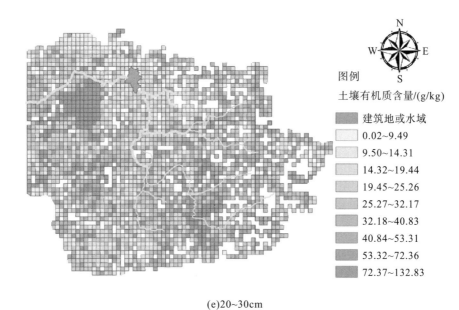

图例

土壤有机质含量/(g/kg)

建筑地或水域
0.02~9.49
9.50~14.31
14.32~19.44
19.45~25.26
25.27~32.17
32.18~40.83
40.84~53.31
53.32~72.36
72.37~132.83

(e)20~30cm

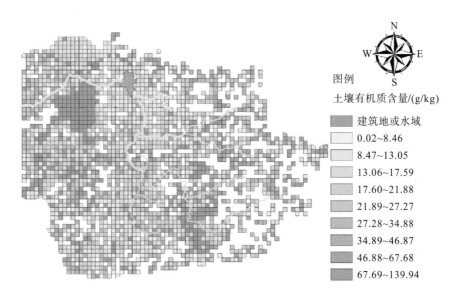

图例

土壤有机质含量/(g/kg)

建筑地或水域
0.02~8.46
8.47~13.05
13.06~17.59
17.60~21.88
21.89~27.27
27.28~34.88
34.89~46.87
46.88~67.68
67.69~139.94

(f)30~40cm

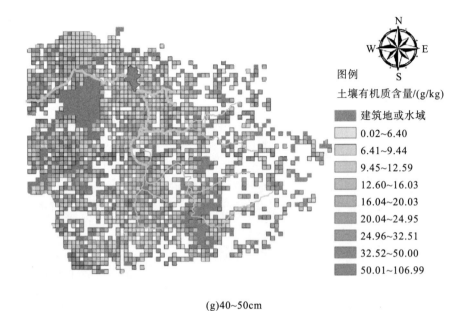

(g)40~50cm

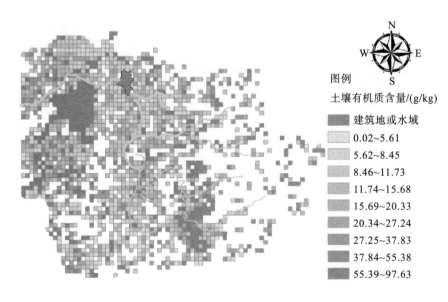

(h)50~60cm

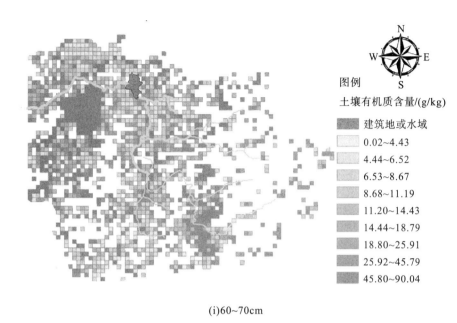

图例

土壤有机质含量/(g/kg)

- 建筑地或水域
- 0.02~4.43
- 4.44~6.52
- 6.53~8.67
- 8.68~11.19
- 11.20~14.43
- 14.44~18.79
- 18.80~25.91
- 25.92~45.79
- 45.80~90.04

(i)60~70cm

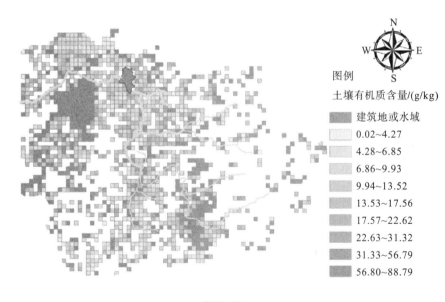

图例

土壤有机质含量/(g/kg)

- 建筑地或水域
- 0.02~4.27
- 4.28~6.85
- 6.86~9.93
- 9.94~13.52
- 13.53~17.56
- 17.57~22.62
- 22.63~31.32
- 31.33~56.79
- 56.80~88.79

(j)70~80cm

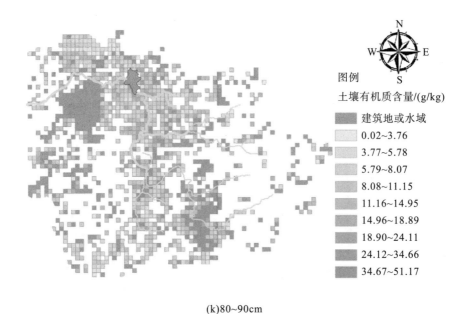

(k)80~90cm

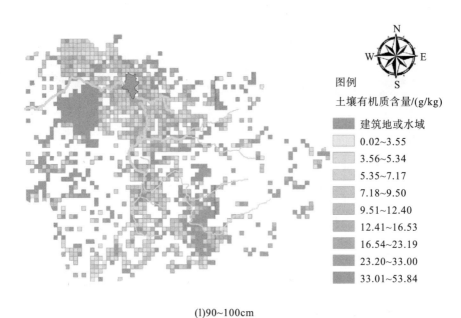

(l)90~100cm

图 4-9　后寨河流域不同土壤层有机质含量平面分布情况(后附彩图)

注：空白区域是因为其土壤厚度达不到该深度，故无相关数值

4.4.3　土壤有机碳的空间分布特征

为直观反映土壤有机碳含量在流域内的空间分布状况,利用 GS＋软件分层绘制出后寨河流域土壤有机碳含量空间分布图,因篇幅原因及其他土层与列出土层基本相似,故只对如下土层进行描述。

后寨河流域内 0~10cm、10~20cm 土层厚度中的土壤有机碳含量呈破碎斑块状分布格局(图 4-10),整体上来看流域内 20~30cm、30~40cm 土层土壤有机碳含量空间分布与 0~10cm、10~20cm 土层土壤有机碳空间分布变化规律相同。都表现为:东南部高于西北部,在上游峰丛区最高,下游洼地区为低值区。东南部、中部的龙叉大山和西部的龙头山附近出现高值区,青山、荷包山、文昌阁等地也出现小块高值区,基本与流域起伏多变的地形特征相吻合。

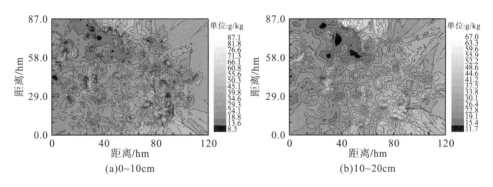

图 4-10　土壤有机碳含量空间分布图(0~10cm、10~20cm)

受土层厚度影响,上游峰丛洼地区 40cm 以下土层土壤有机碳含量较小,很多样点甚至到达基岩,因而高值区很少,土壤有机碳含量高值区主要集中在中下游区域且高值区很少(图 4-11)。

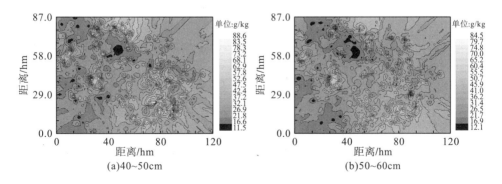

图 4-11　土壤有机碳含量空间分布图(40~50cm、50~60cm)

　　总体而言，土壤深层(80～90cm、90～100cm)有机碳含量空间分布特征基本与 40～60cm 土层土壤有机碳含量分布特征一致，也表现出从东南部向西北部逐渐减少的趋势(图 4-12)。结合各土层厚度中土壤有机碳空间分布图可知，土层厚度(60～70cm、70～80cm)的土壤有机碳含量分布特征基本与土层(80～90cm、90～100cm)一致。

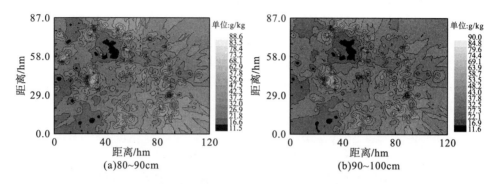

图 4-12　土壤有机碳含量空间分布图(80～90cm、90～100cm)

4.5　喀斯特小流域土壤有机碳密度空间异质性

4.5.1　土壤有机碳密度水平分布特征

　　土壤有机碳密度是计算土壤有机碳储量的最重要的指标，土壤有机碳密度更是反映土壤有机碳含量分布的指示性参数(刘京等，2012)。土壤有机碳密度是指某一深度的土壤厚度中单位面积土体的土壤有机碳的总储量，往往根据某一固定土壤单位面积中有机碳含量来计算，通常采用土层厚度 1m 为标准，但由于喀斯特地区土层浅薄，很多地区的土层厚度不能达到 1m，所以在实际的研究与调查、计算中以具体的土壤厚度为准。一定深度土壤有机碳密度为各土层土壤有机碳密度之和。

　　通过数据质量控制和有效性分析，分别对 10 层土壤有机碳密度的有效数据进行统计计算，得到后寨河流域大样地不同层次土壤有机碳密度的描述性统计结果(表 4-8)。因喀斯特地区不少样地具有基岩出露、土壤存量少、微地貌复杂多样等基本特征，发育着不连续的浅薄土壤，土壤厚薄不一的特点，表现出每个土壤深度的样本数不同，也表现出有机碳密度随着的样本数增加逐渐减少的趋势，所有土壤剖面有机碳密度总体均值为 1.21(±0.65)kg/m², 最大值为 12.47 kg/m²，最小值为 0.11kg/m²。土壤各层土壤有机碳密度的平均值中最大值在 20～30cm，为 1.50kg/m²。总体趋势上，各层土壤有机碳密度随土壤深度的增加而逐渐降低。各层土壤有机碳密度空间变异为中等强度变异，各层土壤有机碳密度的变异系数随土壤深度的增加先增加后减小，土壤有机碳密度变异系数在 70~80cm 土层变异系数最大。

表 4-8 土壤有机碳密度统计结果

土层深度/cm	样本数/个	最大值/(kg/m²)	最小值/(kg/m²)	平均值/(kg/m²)	标准离差/(kg/m²)	变异系数	偏度	峰度
0~10	2755	5.27	0.11	1.25	0.61	48.80	1.67	3.77
10~20	2595	4.64	0.12	1.05	0.59	56.19	1.60	3.31
20~30	2397	8.37	0.12	1.50	0.95	63.32	1.52	3.01
30~40	2049	8.63	0.11	1.21	0.80	66.32	1.68	3.66
40~50	1765	6.27	0.11	1.03	0.69	66.91	1.94	4.80
50~60	1554	12.47	0.11	0.92	0.71	77.55	1.28	1.14
60~70	1379	7.73	0.11	0.84	0.65	77.91	1.16	3.55
70~80	1233	7.49	0.11	0.76	0.62	80.56	1.19	3.70
80~90	1081	5.19	0.11	0.71	0.56	79.45	1.07	2.55
90~100	942	4.95	0.11	0.67	0.53	78.95	1.13	2.18

表层土壤有机碳密度的偏度为 0.996，正偏(右偏)，偏离程度较表层土壤有机碳含量小得多。表层土壤有机碳密度的峰度为 2.198，为尖峰分布，其分布比标准的正态分布陡峭，各样本数据差异比表层土壤有机碳含量小(图 4-13)。

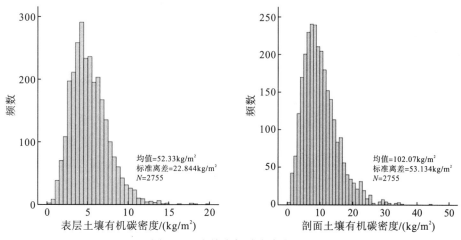

图 4-13 土壤有机碳密度直方图

表层土壤有机碳平均密度在 4.01~5.00kg/m² 出现的频率最高，频数达 524，占总样点的 19%；次高频率为 3.01~4.00 kg/m² 和 5.01~6.00 kg/m² 的密度值，频率为 468 和 431，分别占总样点的 17% 和 15.6%；密度大于 13kg/m² 的较少，频率为 26，仅占总样点的 0.6%。

　　剖面土壤有机碳密度的分布特征与表层土壤相似，只是其偏度较大而峰度略小。剖面土壤平均有机碳密度的偏度为 1.098，数据的右偏度更高。剖面土壤有机碳含量值分布的峰度为 2.042，为尖峰分布，各样本数据差异略小（图 4-13）。

　　整个剖面土壤平均有机碳密度在 7.01～8.00 kg/m^2 和 8.01～9.00 kg/m^2 之间出现的频率最高，为 240 和 238，占总样点的 8.7% 和 8.6%；次高频率为 6.01～7.00 kg/m^2 的密度值，在 230 以上，占总样点的 8.3%；密度大于 27 kg/m^2 的较少，为 26 个，占总样点的 0.9%；密度小于 1 kg/m^2 的最少，为 3 个，仅占总样点的 0.1%。

4.5.2　土壤有机碳密度垂直分布特征

　　流域内土壤平均有机碳密度在垂直方向上的变化规律总体与含量一致，也表现出随土层加深而减小的规律，0～40 cm 土层内土壤有机碳密度随土层加深减小较快，40 cm 以下减小速度变慢并逐渐趋于稳定。表层土壤有机碳密度大，0～10 cm 土层土壤平均有机碳密度最高，为 1.25 kg/m^2，10～20 cm 土层次之，为 1.05 kg/m^2，随着土层加深，土壤平均有机碳密度逐渐减小，90～100 cm 土层达到最小，为 0.67 kg/m^2，仅为 0～10 cm 土层的 23.47%。

　　各土层土壤平均有机碳密度占全剖面的比例也随土层深度增加而减小，0～10 cm 土层土壤平均有机碳密度占全剖面的比例最高，达 21.08%；10～20 cm 土层次之，为 17.22%；0～20 cm 土层土壤平均有机碳密度累计占全剖面的 38.29%；0～50 cm 土层土壤平均有机碳密度对全剖面的贡献率达 69.97%，说明土壤有机碳主要赋存在上层土壤中。随着土层加深，土壤有机碳密度占全剖面的比例减小，90～100 cm 土层达到最小，为 4.95%（图 4-14）。

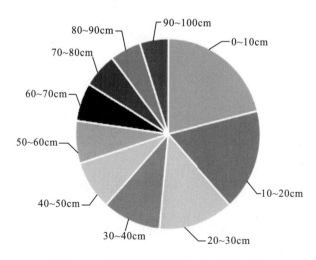

图 4-14　土壤有机碳密度占剖面密度比例

4.5.3 土壤有机碳密度空间分布特征

后寨河小流域土壤有机碳密度的半方差函数模型和具体参数见表 4-9,各层块金值 C_0 各不相同,90~100cm 的块金值 C_0 最小。后寨河流域土壤有机碳密度的空间异质性是由土壤内部的结构因素和外界环境的随机因素共同作用的结果,块金值 C_0 能够准确地反映土壤内部的结构因素和外界环境的随机因素对土壤空间异质性的作用地位,当块金值 C_0 大时,表示结构因素占主导地位;当块金值 C_0 小时,反映随机因素是主导因子。喀斯特小流域各层土壤有机碳密度的块金值 C_0 较大,且各层块金值 C_0 在基台值 C_0+C_1 中所占的比例也较大,各层块金值 C_0 在基台值 C_0+C_1 所占的比例均大于 70%,说明结构因素对喀斯特小流域土壤异质性占主导地位。

表 4-9 土壤有机碳密度半方差函数模型及参数

土层深度 /cm	最优 模型	块金值	基台值	块金系数	偏基台值	变程/m	决定系数	残差 平方和
0~10	高斯	0.31	0.33	0.94	0.04	2811.6	0.96	0.92
10~20	高斯	0.27	0.30	0.90	0.04	2726.3	0.96	0.62
20~30	高斯	0.80	0.87	0.92	0.07	3556	0.84	0.76
30~40	高斯	0.55	0.60	0.92	0.06	3431.8	0.91	0.81
40~50	高斯	0.39	0.43	0.91	0.04	3268.9	0.97	0.67
50~60	高斯	0.41	0.50	0.82	0.09	2853.1	0.93	0.82
60~70	高斯	0.36	0.41	0.88	0.05	3556	0.87	0.91
70~80	高斯	0.33	0.40	0.83	0.06	3556	0.78	0.76
80~90	高斯	0.23	0.30	0.77	0.07	3556	0.81	0.61
90~100	高斯	0.19	0.27	0.70	0.08	3556	0.89	0.81

半方差函数模型中变程 a 表示土壤中某个变异函数达到某一个基台值所需要的变化距离,表示土壤内部空间异质性的相关范围的大小程度,也是土壤空间异质性在空间上的平均变异程度。利用半方差函数模型为土壤有机碳密度空间异质性的相似范围研究提供的一种预测值和参数。研究表明,如果变程 a 小于滞后距离(9.6m)时,表明在采样间距范围内存在更小尺度的空间变异;如果变程 a 大于滞后距离(9.6 m)时,表明区域因素对其影响较大。从表 4-9 来看,后寨河小流域每个土壤厚度中的有机碳密度的变程 a 均大于滞后距离,表明后寨河小流域每个土层深度的土壤有机碳密度在喀斯特小流域范围内均有不同程度的相关关系。这与喀斯特小流域各土层的土壤有机碳密度受母质、地形和土壤类型等自然条件的影响较大有关,因此喀斯特小流域各土层土壤有机碳密度在相对较大的范围内存在相关关系,这与块金值 C_0 反映出的结构因素对喀斯特小流域土壤异质性占主导

地位相符。

　　基于 Kriging 插值法，通过对测得的土壤有机碳密度数据进行插值计算，可绘制不同层次土壤有机碳密度的空间分布图(图 4-15)，能够更加直观地显示不同层次土壤有机碳密度空间分布格局的差异。后寨河流域土壤有机碳密度影响因素较多，例如，受地形地貌、土壤内部因素、生物因子及人为干扰强度等多个因素综合影响，因而表现出较为复杂的空间分布特征。

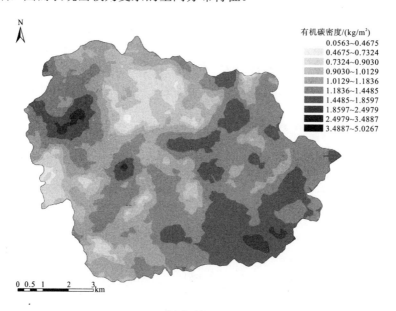

(a) 0~10cm

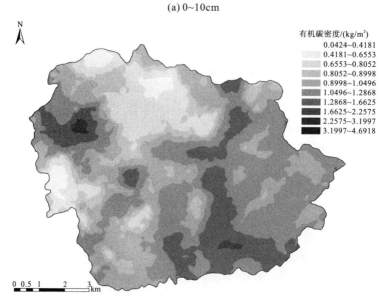

(b) 10~20cm

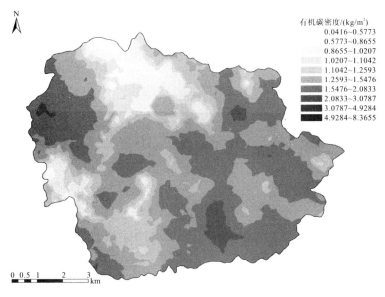

(c) 20~30cm

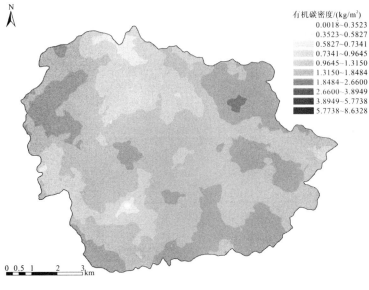

(d)30~40cm

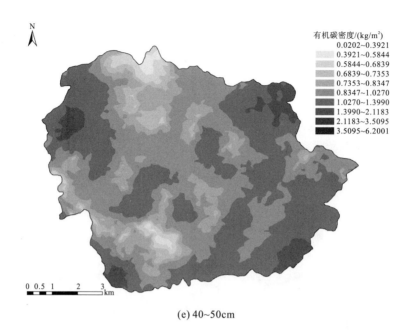

(e) 40~50cm

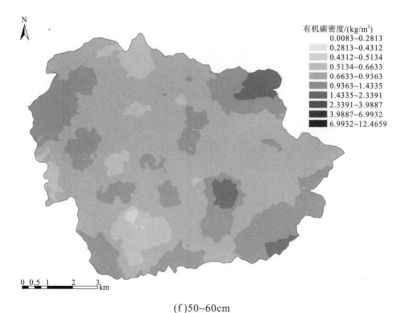

(f) 50~60cm

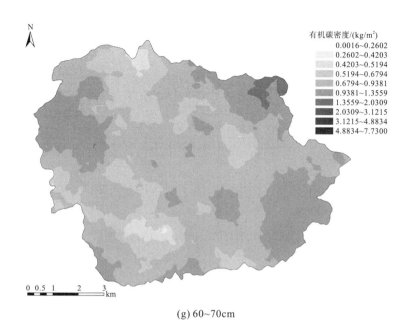

(g) 60~70cm

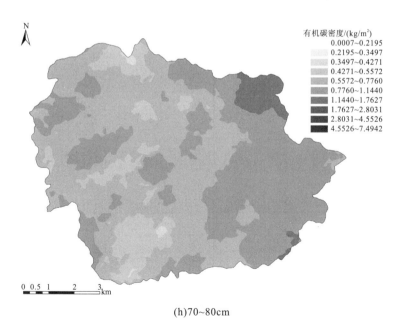

(h) 70~80cm

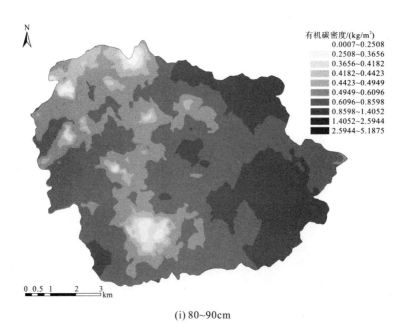

(i) 80~90cm

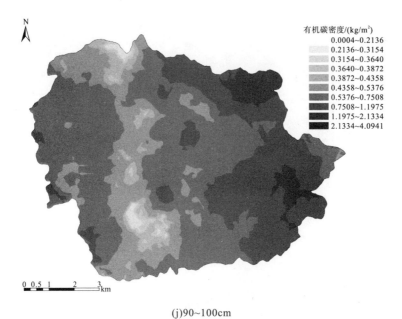

(j) 90~100cm

图 4-15　后寨河流域不同层次土壤有机碳密度空间分布(后附彩图)

后寨河流域每个土层深度下的有机碳密度都呈现出东部大于西部的特点。流域的表面土壤有机碳密度呈现出不同尺度的离散分布，浅层厚度中土壤有机碳密度表现为少数的异质性分布。整个流域呈现出由流域东部向流域西部逐渐减小的特点，少数高值分布区域和低值分布区域集中在后寨河流域的东南部和西南部。而且，低密度的土壤有机碳密度分布不均匀，小于 0.39kg/m^2 的区域占后寨河流域总面积的 20%。整体上，土壤有机碳密度都是随土层深度的增加而递减，低值分布区域的差异并不非常明显，但是连续三层小于 0.056～0.39kg/m^2 的有机碳密度分布面积在逐层减小。研究结果表明，10 层土壤有机碳密度具有相似的空间分布特征，并呈现为中部低，四周高，且东部较高，南部最低的趋势。

第5章 喀斯特小流域土壤异质性影响因素

5.1 喀斯特小流域基本属性异质性的影响因素

后寨河流域石漠化空间分布特征与流域地形、地貌密切相关(图 5-1)。流域东部主要为峰丛洼地，北部、南部与西南部有山峦分布，中部及西部主要平地、丘陵，点缀着零星孤山。与地形、地貌特征相对应，流域石漠化主要集中在东部峰丛洼地区域、北部、南部与西南部山峦区域、中部及西部孤山区域。

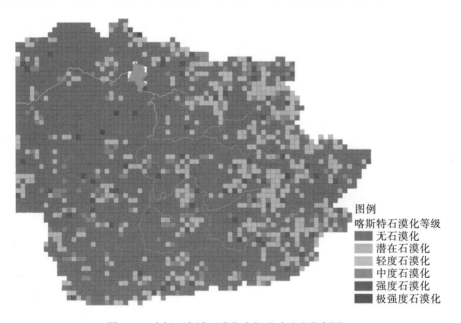

图 5-1 后寨河流域石漠化空间分布(后附彩图)

基于流域土地基岩裸露率情况，根据前人对石漠化划分标准(熊康宁等，2007)。后寨河流域石漠化现状可以分为六个等级：①非喀斯特无石漠化地区，岩石裸露率< 20%；②潜在石漠化地区，20% ≤岩石裸露率< 30%；③轻度石漠化区，30%≤岩石裸露率< 50%；④中度石漠化区域，50% ≤岩石裸露率<70%；⑤强度石漠化区，70%≤岩石裸露率< 90%；⑥极强度石漠化区域，岩石裸露率≤90%。基于本研究数据，后寨河流域轻度石漠化、中度石漠化、强度石漠化与极强度石漠化面积分别为 7.81 km²、4.50 km²、1.87 km² 与 0.25 km²。流域石漠

化严重区域主要集中在东部峰丛区域与北部、南部多山地区,中部、西部主要发生在孤山区域。结合图 5-1 可以看出,强度石漠化与极强度石漠化主要发生在山顶或坡上部位置。

5.1.1 土地利用方式空间分布特征

后寨河流域土地利用方式主要受地形、地貌与水文条件的影响。水田主要分布在北部山脚、中部后寨河支流两侧及南部山脚地带。总体上,地形与水文条件是后寨河流域水田分布的决定性因素。旱地主要分布在中部与西部区域,由于后寨河流域水资源极度匮乏,中部小丘陵及大部分平地皆只能用作旱地。坡耕地、弃耕地与荒地主要分布在东部峰丛、中部山脉、西部山脉及南方与北方零星孤山上。林地(乔木林、乔灌木林、灌木林与灌草地)的分布与坡耕地极为相似,与峰丛及山脉分布密切相连(图 5-2)。

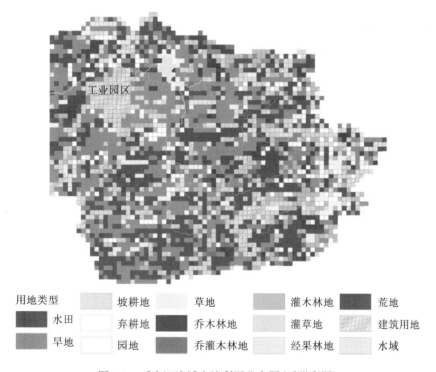

用地类型		坡耕地		草地		灌木林地		荒地
水田		弃耕地		乔木林地		灌草地		建筑用地
旱地		园地		乔灌木林地		经果林地		水域

图 5-2 后寨河流域土地利用分布图(后附彩图)

水田土壤主要为黄泥田与大泥田,小生境几乎全为土面,坡度小于 5°,受水源限制,主要分布于平地、山(坡)脚,主要用于水稻与油菜的轮作。旱地面积相对较大,分布最广,土壤主要为黑色石灰土、黄色石灰土、大土泥、白大土泥、小土泥、白砂土、黄泥土等。小生境涉及土面与石土面,主要分布于平地、丘陵及峰丛洼地的洼地区域。旱地主要用于种植玉米、油菜、大豆、红薯、小麦、高粱、花生等。坡耕地土壤主要用于种植玉米、油菜、大豆、高粱等。

5.1.2 不同土地利用方式下岩石裸露率分布特征

地形地貌是后寨河流域土地利用方式空间差异的主要因素和石漠化发生的内在驱动。流域典型的喀斯特地貌导致了坡度、土壤厚度、坡位等地理环境特征高度多样性。通过实地调查研究发现，人类需求和耕地短缺之间的矛盾仍是后寨河流域的严重问题。92.78%可用平原(不包括建设用地和水域)规划为各种耕地，用于农作物生产，仅3.49%的平原留为各种林地和草地。其他3.73%的平原是未开垦的荒地，环境条件恶劣、土壤质量低劣，基岩裸露率高，土壤厚度薄，或受工业、生活垃圾的污染。后寨河流域42.13%的坡地被开垦用作农作物生产，44.95%的坡地为各种林地和草地。由于恶劣的环境条件和土壤质量等原因，12.95%的坡地被遗弃或未被开垦，退化为荒地。

后寨河流域各用地方式间岩石裸露率存在较大差异(表5-1)，特别是农业生产用地与非农业生产用地之间差异较大。农业生产用地(水田、旱地、坡耕地、弃耕地、园地及经果林地)平均岩石裸露率在20%以下，而非农业生产用地平均岩石裸露率皆在20%以上。当然，这些数据并不代表农业生产用地能阻止或减缓石漠化发生过程。因为在土地利用方式的规划中，有人类的主观选择性因素。土壤流失、基岩裸露是石漠化过程的本质特征及基本原因。

表 5-1 后寨河流域各用地类型岩石裸露率情况表

用地类型	最小值/%	最大值/%	平均值/%	标准离差/%	变异系数	偏度	峰度
水田	0.00	70.00	2.29				
旱地	0.00	91.00	8.95	17.16	294.61	2.06	3.70
坡耕地	0.00	74.00	17.68	20.19	407.62	0.98	-0.04
弃耕地	0.00	82.00	15.13	17.82	317.61	1.32	1.41
园地	0.00	67.00	10.89	18.86	355.65	1.67	1.70
乔木林地	0.00	80.00	30.07	26.00	676.01	0.31	-1.24
乔灌木林地	0.00	85.00	23.13	25.72	661.62	0.92	-0.20
灌木林地	0.00	90.00	27.54	21.42	458.70	0.93	0.30
灌草地	0.00	91.00	35.30	22.51	506.73	0.31	-0.43
经果林地	0.00	65.00	6.10	12.36	152.89	2.90	10.49
草地	0.00	92.00	21.83	24.09	580.53	0.99	0.01
荒地	0.00	95.00	30.69	25.99	675.69	0.49	-0.83

在土地利用方式规划中，土壤质量、地理环境因子是重要影响因素。其中，

岩石裸露率就是重要的因素之一。部分其他因素也可能是导致后寨河流域农业生产用地与非农业生产用地之间岩石裸露率差异较大的原因。如坡度因素，在土壤质地及其他地理环境条件一致的情况下，坡度较缓的土地易被规划为农业生产用地；而坡度较陡的土地则易被闲置或丢弃，在自然生态系统环境的作用下，有的演替为自然草地或各种林地，有的则因为环境过于恶劣，水土流失加剧、石漠化加重而不断退化为荒地。

5.1.4　坡度与基本属性的关系

坡度是重要的地貌因子，是影响小生境的主要因素之一（王移等，2010），对土壤侵蚀过程有显著影响，可影响土壤持水性、水分含量，从而影响到植被分布、土壤的养分流失、基岩裸露，加剧石漠化过程。过去三十年间，坡度在土壤与生态环境研究领域备受关注，如有关土壤动物群落结构及多样性的研究（何先进等，2012），有关微生物群落特征的研究（白爱芹等，2013），有关土壤侵蚀的研究（陈晓安等，2010；张会茹等，2011），有关土壤养分流失等的研究（黄利玲等，2011；潘忠成等，2016；李如剑等，2016）。坡度对生态环境的作用有直接的，也有间接的。其对环境的物理作用是直接作用，此外，坡度还通过人为干扰而作用于环境。

后寨河流域坡度与岩石裸露率之间的关系见图 5-3。Person 相关性分析表明，后寨河流域坡度与岩石裸露率之间具有极显著的统计意义（$r = 0.363$，$P < 0.001$）。随着坡度的增加，岩石裸露率逐渐增加，而土壤厚度则逐渐降低（$r = -0.459$，$P < 0.001$）。即喀斯特后寨河流域石漠化过程中，坡度是一个极其重要的因子。

为了揭示坡度在土地利用规划中的潜在影响（干扰），将坡耕地与其他利用类型的坡地（包括草地、荒地、灌丛草地、灌丛、乔木灌木混交林地和乔木林地）的坡度、岩石裸露率和土壤厚度进行比较（图 5-4）。对于坡耕地，坡度和岩石裸露率之间没有明显的相关性（$r = -0.008$，$P > 0.05$）；而坡度与土壤厚度之间具有明显的负相关关系（$r = -0.195$，$P < 0.05$）；岩石裸露率和土壤厚度也具有明显的负相关性（$r = -0.417$，$P < 0.001$）。与此相反，对于其他利用类型的坡地而言，坡度和岩石裸露率之间存在着显著的正相关性关系（$r = 0.196$，$P < 0.001$）；坡度与土层厚度之间也存在着显著的负相关性（$r = -0.355$，$P < 0.001$）；岩石裸露率和土壤厚度也具有明显的负相关性（$r = -0.388$，$P < 0.001$）。

第一，坡耕地的岩石裸露率没有随坡度的增加而增加，其他类型坡地的岩石裸露率则随着坡度的增加而增加。第二，坡耕地的土壤厚度随着坡耕地坡度的增加而降低，但是坡耕地土壤厚度与坡度之间的 Pearson 相关系数要比其他坡地的（绝对值）低得多。第三，坡耕地和其他坡地的岩石裸露率随土层厚度的增加而减少，但坡耕地土壤厚度与岩石裸露率之间的 Pearson 相关系数略大于其他坡地（绝对值）。所有这些数据表明，坡耕地的岩石裸露率比其他坡地要低，而坡耕地的土

壤厚度则比其他坡地要大。岩石裸露率和土层厚度是影响喀斯特流域坡耕地选择
的关键因素，而不是坡度，坡度与土壤流失和石漠化的发生密切相关。

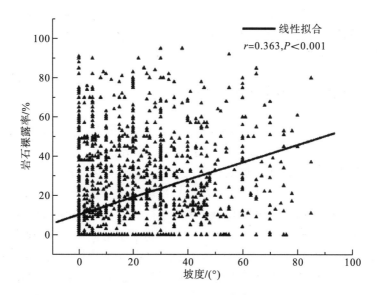

图 5-3　后寨河流域坡度与岩石裸露率之间的关系

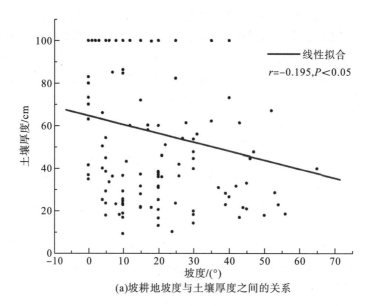

(a)坡耕地坡度与土壤厚度之间的关系

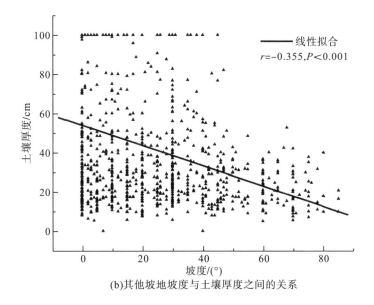

(b)其他坡地坡度与土壤厚度之间的关系

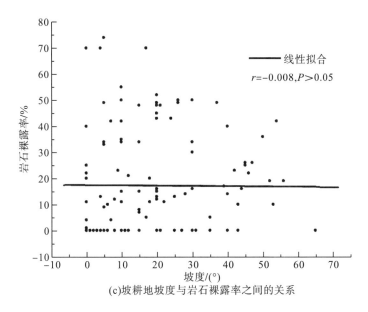

(c)坡耕地坡度与岩石裸露率之间的关系

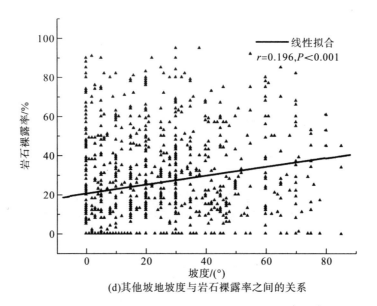

(d)其他坡地坡度与岩石裸露率之间的关系

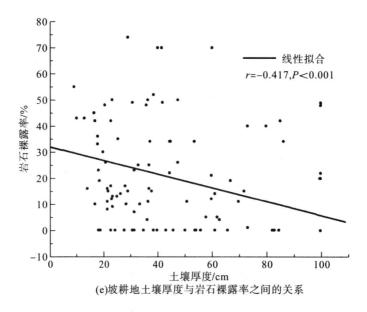

(e)坡耕地土壤厚度与岩石裸露率之间的关系

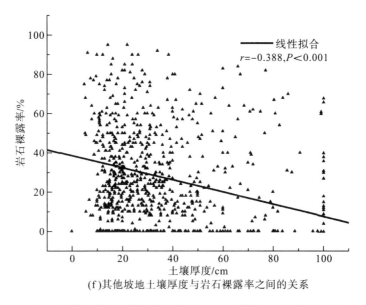

(f)其他坡地土壤厚度与岩石裸露率之间的关系

图 5-4　后寨河流域坡耕地与其他坡地坡度、岩石裸露率及土壤厚度之间的关系

5.1.5　坡位与基本属性的关系

为了研究后寨河流域石漠化与坡位之间的关系，对落于山脉或孤山之上的 1132 个采样点进行坡位分类，分为坡脚、坡下部、坡中部(坡腰)、坡上部及坡顶，对各坡位岩石裸露率进行统计分析(表 5-2)。结果表明，后寨河流域坡脚平均岩石裸露率为 16.15%，平均土壤厚度为 61.82cm，平均坡度为 10.92°。从坡脚到坡顶，平均岩石裸露率逐渐增大，至坡顶达到最大值(27.55%)。

表 5-2　坡位对岩石裸露率的影响

坡位	岩石裸露率/%	土壤厚度/cm	坡度/(°)
坡脚	16.15±1.22A	61.82±1.16D	10.92±0.56A
坡下部	22.76±2.08B	50.23±2.16C	19.53±1.17B
坡中部	27.13±1.56C	43.25±1.14B	27.12±0.90C
坡上部	27.36±2.11C	35.73±2.12A	34.50±1.77D
坡顶	27.55±2.93C	49.72±2.45C	11.80±1.52A

注：平均值±标准误差；不同字母表示差异显著($P<0.05$)，下同

坡位对土壤厚度与坡度具有较显著的影响。从坡脚到坡上部，土壤厚度平均值逐渐下降，由 61.82cm 降低到 35.73cm，但坡顶部分土壤厚度却高于坡上部与坡腰，达到了 49.72cm。坡度平均值则随着坡位的升高而逐渐增大，从坡脚 10.92° 逐渐增加到 34.50°，即坡位越高，坡度越陡。坡顶坡度较小，平均值为

11.80°。综合分析，坡位对石漠化的贡献不是直接的，可能是通过坡度、人为干扰等间接影响。低坡位区域，坡度相对较平缓，土壤厚度较大，土地易被规划为农业生产用地，人为干扰相对较为强烈；高坡位地段坡度较陡，土壤厚度较浅薄，土地易被遗弃或不被开垦，演化为各种林地、草地，或者退化为荒地，人为干扰相对较弱。

5.1.6　坡向与基本属性的关系

对落于山脉或孤山之上的 1132 个采样点进行坡向分类，并将坡耕地与其他利用方式的坡地进行分别统计。结果表明，不同坡向间，坡耕地和其他利用方式的坡地所占比例、坡度、岩石裸露率和土层厚度皆存在差异（表 5-3）。但坡耕地与其他坡地不同坡向之间，除土壤厚度外，均无显著性差异。值得注意的是，不同坡度和不同坡向坡耕地岩石裸露率所有平均值均低于其他土地利用类型，不同坡向坡耕地土壤厚度的平均值均高于其他利用方式土地。这些结果表明，坡向不是农用地选择的重要因素。该分析结果再次表明，岩石裸露率和土壤厚度是决定后寨河流域土地规划的关键因素。

表 5-3　坡向与坡度、岩石裸露率及土壤厚度之间的关系

坡向	坡耕地				其他坡地		
	耕地比例/%	坡度/(°)	岩石裸露率/%	土壤厚度/cm	坡度/(°)	岩石裸露率/%	土壤厚度/cm
南坡	9.91	20.08±3.09A	16.13±3.13A	51.34±6.41A	27.96±1.29A	39.75±1.62A	35.84±1.61A
东坡	17.54	23.13±2.46A	11.03±3.23A	70.06±5.92B	25.42±1.87A	28.15±2.17A	34.87±2.22A
西坡	11.58	18.72±2.27A	21.10±4.66A	51.79±5.40A	28.07±1.43A	29.87±1.68A	40.59±1.83B
北坡	15.50	22.80±2.64A	19.75±3.25A	46.39±4.27A	27.63±1.36A	27.30±1.47A	40.11±1.67AB

5.1.7　海拔与基本属性的关系

通过对海拔与石漠化的相关性分析发现，后寨河流域海拔与坡度（$r=0.391$，$P<0.01$）、岩石裸露率（$r=0.336$，$P<0.01$）和土壤厚度（$r=-0.479$，$P<0.01$）密切相关（表 5-4）。即后寨河流域坡度与岩石裸露率是随着海拔的增加而增大的，而土壤厚度则随着海拔的增加而降低。坡耕地的海拔高度与坡度之间没有显著的相关关系（$r=0.042$，$P>0.05$），说明坡度的降低在某种程度上补偿了海拔升高带来的负面影响。众所周知，海拔较高的土地，地理气候环境恶劣，往往不适宜植物的生长。然而，由于耕地资源缺乏，流域高海拔地区的土地仍然会被选择用于粮食生产。但土壤厚度、岩石裸露率与坡度至关重要，是坡耕地选择的重要潜在因素。

表 5-4　后寨河流域海拔、坡度、岩石裸露率及土壤厚度之间的关系

土地		海拔	坡度	岩石裸露率	土壤厚度
所有坡地	海拔	1			
	坡度	0.392** P=0.000	1		
	岩石裸露率	0.336** P=0.000	0.303** P=0.000	1	
	土壤厚度	-0.479** P=0.000	-0.510** P=0.000	-0.550** P=0.000	1
坡耕地	海拔	1			
	坡度	0.042 P=0.676	1		
	岩石裸露率	0.214* P=0.032	0.008 P=0.805	1	
	土壤厚度	-0.485** P=0.000	-0.195* P=0.043	-0.417** P=0.000	1
非耕作坡地	海拔	1			
	坡度	0.382** P=0.000	1		
	岩石裸露率	0.244** P=0.000	0.120** P=0.008	1	
	土壤厚度	-0.438** P=0.000	-0.476** P=0.000	-0.446** P=0.000	1

注：*表示 0.05 水平上显著相关；**表示 0.01 水平上显著相关

　　综上分析，坡度、岩石裸露率和土壤厚度是决定是否应选择坡地作为农作物生产用地的主要因素。相比之下，坡向对水土流失、基岩裸露、石漠化的作用不明显。石漠化是后寨河流域一个严重的问题。坡度和海拔是导致土壤流失和石漠化的重要因素。坡度越大，地表径流引起的水土流失越严重，导致石漠化的发生。随着海拔的升高，环境条件变得更加恶劣，包括坡度加大和土壤厚度降低等，植被状况变得越来越差，较高海拔地区水土保持能力相对较弱。

　　此外，本研究并未发现任何证据表明后寨河流域农业生产活动加剧了石漠化的发生。反之，却发现坡耕地的岩石裸露率普遍低于其他利用方式的坡地。当然这一结果并不能直接说明后寨河流域农业生产活动对石漠化的发生没有影响。选择土地开垦时掺杂了人为的主观因素，低坡度、岩石裸露率小、土壤厚度高的区域易被优先开垦。贵州省土地资源总体上仍然存在短缺现象。为了保护耕地，防治水土流失，保持或提高耕地生产力水平，耕地承包者通常会采取系列措施保护

土地资源(周运超等，2010)，这也许是后寨河流域坡耕地岩石裸露率低于其他土地利用方式坡地，以及坡耕地土壤厚度大于其他土地利用方式坡地的主要原因之一。故农业生产活动对喀斯特流域山区石漠化的影响是正或负目前尚不能下定论，尤其是在贵州省，需要建立长期(几十年以上)石漠化变化情况跟踪监测研究。

5.2 喀斯特小流域土壤有机碳异质性的影响因素

5.2.1 母质对土壤有机碳含量空间分布的影响

不同母质发育土壤有机碳含量均随土层加深而减小，不同母质发育土壤有机碳减小的幅度有所差异。白云岩和石灰岩发育土壤有机碳含量在剖面上的变化较为相似，随土层加深呈类直线形下降。泥灰岩发育土壤有机碳含量随土层加深呈类折线形减小，0～40cm 随土层加深减少较快，40cm 以下减少幅度较小。砂页岩和第四纪黄黏土发育土壤有机碳含量在 0～15cm 随土层加深减少较为缓慢，15～40cm 土层减少较快，40cm 以下土壤有机碳含量随土层加深减少缓慢，并趋于稳定。

相同层位石灰岩和白云岩发育土壤有机碳含量最高，且相差不大，石灰岩发育土壤有机碳含量略高于白云岩，0～5cm 土层石灰岩和白云岩发育土壤有机碳含量分别为32.62g/kg 和31.82g/kg，随着土层加深两者之间差距减小，30～40cm 土层降至 12.55g/kg 和 12.54g/kg。泥灰岩发育土壤有机碳次之，0～5cm 土层土壤有机碳含量为27.65g/kg。第四纪黄黏土和砂页岩发育土壤有机碳含量最低，且两者在各层位间相差不大，上层第四纪黄黏土发育土壤有机碳含量略高，随土层深度加深二者差距减小，深层砂页岩发育土壤有机碳含量反而略高于第四纪黄黏土发育土壤(图 5-5)。

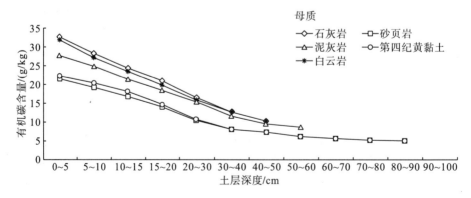

图 5-5 不同母质发育土壤有机碳含量空间分布图

不同母质发育的土壤均表现为表层土壤(0～20cm)有机碳含量高于剖面土壤。方差分析结果显示，不同母质发育土壤有机碳含量差异极显著($P<0.01$)，故进行多重比较，结果见图 5-6。就表层土壤有机碳含量而言，石灰岩和白云岩发育土壤差异不显著，但显著高于其余三种母质发育土壤，泥灰岩发育土壤与其余四种母质发育土壤差异显著，第四纪黄黏土和砂页岩发育土壤差异不显著，但显著低于其余三种母质发育土壤，即石灰岩和白云岩发育土壤＞泥灰岩发育土壤＞第四纪黄黏土和砂页岩发育土壤。石灰岩发育土壤最高，为 27.57g/kg；白云岩发育土壤其次，为 26.79g/kg；砂页岩发育土壤最低，为 17.87g/kg。剖面土壤有机碳含量差异性和大小顺序与表层土壤相同，石灰岩发育土壤剖面土壤有机碳含量最高，为 24.15g/kg；砂页岩发育土壤最低，为 11.15g/kg。表层土壤平均有机碳含量与剖面土壤平均有机碳含量差值变幅为 3.42～6.84g/kg，第四纪黄黏土发育土壤最大，石灰岩发育土壤最小。

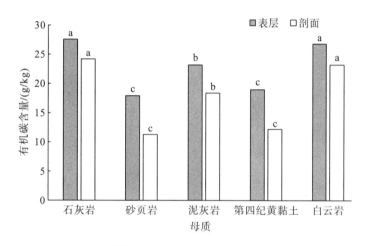

图 5-6　不同母质发育表层和剖面土壤有机碳含量

注：同一系列(表层或剖面)不同字母表示差异显著($P<0.05$)，下同

　　白云岩和石灰岩两种碳酸盐类岩石只有极少量以黏土矿物为主的不溶物经风化、溶蚀而残留下来，成土物质少，发育形成的土壤土层浅薄，有机物质集中在其发育的土层浅薄的土壤中，浓度较大。泥灰岩泥质含量较高，其发育土壤比白云岩和石灰岩发育的土壤厚，有机碳含量次之。砂页岩和第四纪黄黏土成土物质丰富，发育形成的土壤土层深厚，土壤有机碳含量较小。

5.2.2　土壤类型对土壤有机碳含量空间分布的影响

　　不同土属有机碳含量均随土层加深减少，减少幅度有所差异。黑色石灰土、黄色石灰土、小土泥、白大土泥、白砂土土层较为浅薄，有机碳含量在剖面上随

土层加深呈类直线形下降。大土泥和黄泥土在剖面上呈类折线形下降，0～40cm
土层内随土层加深下降较快，40cm 以下下降较慢，变化不大，趋于稳定。黄泥土
下降幅度较小。大泥田和黄泥田 0～15cm 土层内土壤有机碳含量随土层加深减少
较为缓慢，15～40cm 土层减少较快，40cm 以下减少缓慢，趋于稳定。这是因为
水稻土表土层在水田特殊的耕作过程中被混匀，有机碳含量随土层加深减少较慢，
耕层以下一定范围压实作用明显。形成犁底层，透水透肥性差，有机物质在向下
分散过程中受到阻碍而有机碳含量减少较快。

　　同一层位不同土属有机碳含量差异较大。总体而言，黑色石灰土有机碳含量
最高，黄色石灰土和白砂土次之，大泥田、白大土泥、小土泥、大土泥、黄泥田
五种土属有机碳含量较低且较为接近，黄泥土最低，40cm 以下黄泥田土壤有机碳
含量与黄泥土接近。就有机碳含量最高的 0～5cm 土层而言，黑色石灰土高达
51.27g/kg，黄色石灰土和白砂土分别为 40.88g/kg 和 34.98g/kg，大泥田、白大土
泥、小土泥、大土泥、黄泥田五种土属变化范围为 22.65～27.83g/kg，黄泥土仅
18.82g/kg，最高的黑色石灰土是黄泥土的 2.7 倍(图 5-7)。

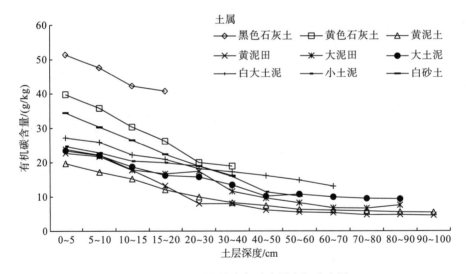

图 5-7　不同土属土壤有机碳含量空间分布图

　　不同土属表层土壤(0～20cm)有机碳含量高于剖面土壤，这是因为上层土壤
有机碳含量高于深层土壤。方差分析结果显示，不同土属有机碳含量差异极显著
($P<0.01$)，故进行多重比较，结果如图 5-8 所示。就表层土壤有机碳含量而言，
黑色石灰土显著高于其他土属，黄色石灰土和白砂土差异不显著，但显著高于除
黑色石灰土的其余 6 种土属，黄泥土显著低于其他土属。表层土壤有机碳含量大
小顺序为：黑色石灰土＞黄色石灰土＞白砂土＞大泥田＞白大土泥＞小土泥＞大
土泥＞黄泥田＞黄泥土。黑色石灰土最高，为 38.07g/kg；黄泥土最低，为 15.23g/kg；

黑色石灰土是黄泥土的 2.50 倍。剖面土壤有机碳含量大小顺序为：黑色石灰土＞
黄色石灰土＞白砂土＞大泥田＞白大土泥＞小土泥＞大土泥＞黄泥田＞黄泥土。
黑色石灰土剖面土壤有机碳含量显著高于其他 8 种土属，含量为 35.58g/kg；黄色
石灰土和白砂土差异不显著，含量次之，分别为 28.08g/kg 和 28.01g/kg；黄泥土
最小，为 10.43g/kg；黑色石灰土是黄泥土的 3.41 倍。表层土壤平均有机碳含量与
剖面土壤平均有机碳含量差值变幅为 2.32～7.59g/kg，白砂土最小，土层深厚的大
泥田和黄泥田最大，黄泥土土层深厚，但因整体有机碳含量水平较低且在剖面上
下降幅度较小，其表层土壤有机碳含量与剖面土壤有机碳含量差值较小，为
5.86g/kg。

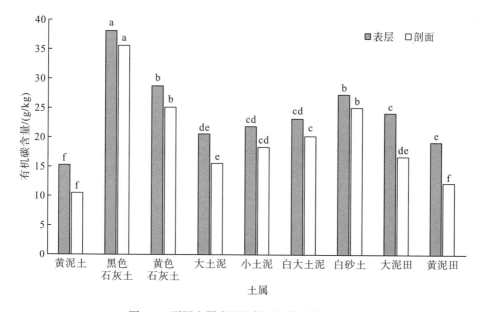

图 5-8　不同土属表层和剖面土壤有机碳含量

　　石灰土剖面土壤有机碳含量普遍高于水稻土和黄壤(除大土泥略低于大泥田
外)，这是因为石灰土由碳酸盐岩发育而成，成土物质少，成土速率缓慢，加之喀
斯特地区水土流失严重，土层较为浅薄，且石灰土富含钙、镁离子，易与土壤有
机质结合形成稳定的腐殖质钙，而具有丰富的有机碳(刘丛强等，2009)。黄壤有
机碳含量最低，是因为黄壤为酸性土壤，钙、镁淋失较多，不利于形成腐殖质钙。
黑色石灰土和黄色石灰土两种峰林、峰丛区自然土壤有机碳含量高于其他 7 种耕
作土壤，且黑色石灰土有机碳含量高于黄色石灰土，这是因为黑色石灰土多分布
于较高的山峰上部，土被零星不连续，土层浅薄，而黄色石灰土分布于黑色石灰
土的下方，常出露在坡脚、洼地，多为农用地，土层相对较厚，有机碳含量相对
黑色石灰土较低。

5.2.3　土壤厚度对土壤有机碳含量空间分布的影响

不同土壤厚度区土壤有机碳含量均随土层加深减少，减少幅度有所差异。土壤薄于 50cm 区土壤有机碳含量随土层加深呈类直线形或类折线形减小。土壤厚度为 50～60cm 和 90～100cm 区土壤有机碳含量在 0～20cm 土层内随土层加深减少较慢，20～40cm 土层内随土层加深减少较快，40cm 以下减小缓慢并趋于稳定。土层厚度为 60～70cm、70～80cm 和 80～90cm 区域土壤有机碳含量在 0～15cm 土层内随土层加深减小较慢，15～40cm 土层内随土层加深减小较快，40cm 以下减小缓慢并趋于稳定。

总体而言，土壤越浅薄，土壤有机碳含量越高。土壤薄于 10cm 区域土壤有机碳含量最高，0～5cm 土壤平均有机碳含量高达 46.72g/kg，5～10cm 土壤土壤有机碳含量为 40.10g/kg。随着土壤厚度增加，土壤有机碳含量减少，土壤厚于 60cm 区域土壤有机碳含量随土层厚度增加而减少的速度较慢，各土层厚度等级区土壤有机碳含量差异较小。土层厚度为 90～100cm 区域土壤有机碳含量最低（图 5-9）。

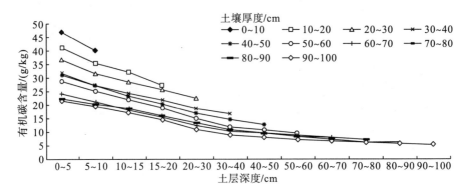

图 5-9　不同土壤厚度区土壤有机碳含量空间分布图

表层土壤有机碳含量总体随土层厚度增加而减小（除土壤厚度为 70～80cm 区略高于 60～70cm 区外），土壤浅薄区差异显著，土壤深厚区差异不显著。土壤薄于 10cm 区表层土壤有机碳含量最高，为 44.24g/kg，土壤厚度为 90～100cm 区最低，为 18.01g/kg。剖面土壤有机碳含量也随土壤厚度增加而减小。土壤厚度薄于 10cm 区剖面土壤有机碳含量最高，为 44.24g/kg，土壤厚度 90～100cm 区最低，为 10.81g/kg。土壤浅薄区表层土壤有机碳平均含量与剖面土壤有机碳平均含量差值小，土壤深厚区域表层土壤有机碳含量与剖面土壤有机碳含量差值大（图 5-10）。

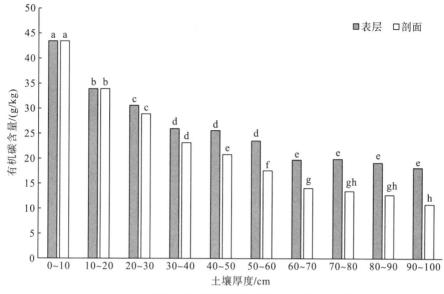

图 5-10　不同土壤厚度表层和剖面土壤有机碳含量

5.2.4　土壤容重对土壤有机碳含量空间分布的影响

不同土壤容重区土壤有机碳含量均随土层加深而减小，不同容重区域减小幅度有所差异。容重小于 1.00g/cm³ 区域土壤有机碳含量在 0～10cm 减小较快，10cm 以下减小稍慢。容重为 1.00～1.10g/cm³ 区域土壤有机碳含量在 0～30cm 减小较慢，30cm 以下减小较快。容重大于 1.10g/cm³ 区域土壤有机碳含量在剖面内呈"慢—快—慢"三段减小，0～20cm 土层内随土层加深减小缓慢，20～40cm 土层减少较快，40cm 以下减小缓慢，并趋于稳定。

总体而言，土壤容重越小，有机碳含量越高。土壤容重小于 1.00g/cm³ 区域土壤有机碳含量最高，0～5cm 土层平均有机碳含量高达 53.57g/kg，5～10cm 土层土壤有机碳含量为 45.49g/kg，与该区域土层浅薄有关。土壤容重为 1.00～1.10g/cm³ 区域土壤有机碳含量次之，随着土壤容重增大有机碳含量减小，容重大于 1.30g/cm³ 区域土壤有机碳含量随容重增大减小速度较慢，各容重等级区土壤有机碳含量差异较小。土壤容重大于 1.60g/cm³ 区域 40cm 以下土壤有机碳含量随土层加深减小缓慢，有机碳含量略有上升（图 5-11）。

土壤容重较小区域有机碳含量（表层和剖面）差异显著，土壤容重较大区域差异不显著。土壤容重小于 1.00g/cm³ 区平均土层深度仅 20 余厘米，表层土壤有机碳含量与剖面土壤相差不大。其余容重等级区表层土壤平均有机碳含量大于剖面土壤。表层土壤有机碳含量随土壤容重增加而减少（除容重为 1.41～1.50g/cm³ 区略高于 1.31～1.40g/cm³ 区外）。容重小于 1.00g/cm³ 区表层土壤有机碳含量最高，为 47.17g/kg，容重大于 1.60g/cm³ 区最低，为 19.40g/kg。除容重为 1.41～1.50g/cm³

区剖面土壤有机碳含量较高外，其余容重等级区剖面土壤有机碳含量也随土壤容重增大而减小。容重小于 1.00g/cm³ 区剖面土壤有机碳含量(45.68g/kg)是容重大于 1.60g/cm³ 区(14.12g/kg)的 3.24 倍。不同容重等级区表层土壤有机碳含量与剖面土壤有机碳含量差值较小(图 5-12)。

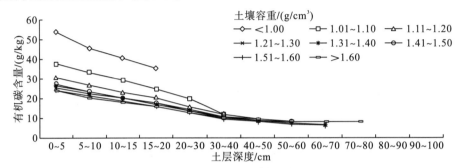

图 5-11　不同容重土壤有机碳含量空间分布图

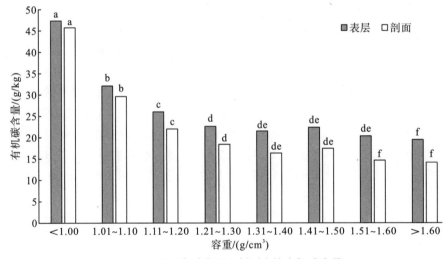

图 5-12　不同容重表层和剖面土壤有机碳含量

5.2.5　石砾含量对土壤有机碳含量空间分布的影响

因含石砾区域主要为石灰土，土层较为浅薄，不同石砾含量等级区土层厚度为 40～50cm。石砾含量大于 50%区土壤有机碳含量在 0～15cm 土层内快速减小，15～40cm 减少较慢，40cm 以下有所回升。其余石砾含量等级区土壤有机碳含量总体随土层深度增加减小，不同等级区减小幅度有所差异。石砾含量小于 10%的区域土壤有机碳含量在剖面上随土层加深呈直线形减小。石砾含量为 10%～50%区土壤有机碳含量在剖面上呈折线或多段折线形下降。

总体而言，石砾含量为 40%～50%区土壤有机碳含量>石砾含量为 20%～30%

区＞石砾含量为 10%～20%区＞石砾含量为 30%～40%区。石砾含量为 40%～50%区土壤有机碳含量最高，石砾含量小于 10%区土壤有机碳含量最低。石砾含量大于 50%区域土壤有机碳含量随土层加深在剖面上减小速率变化较大(图 5-13)。

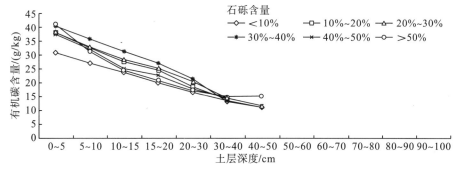

图 5-13 不同石砾含量土壤有机碳含量空间分布图

不同石砾含量等级区表层土壤有机碳平均含量大于剖面土壤。表层土壤有机碳含量大小顺序为：石砾含量为 40%～50%区＞石砾含量大于 50%区＞石砾含量为 10%～20%区＞石砾含量为 20%～30%区＞石砾含量为 30%～40%区＞石砾含量小于 10%区。石砾含量为 40%～50%区最高，为 35.45g/kg，石砾含量小于 10%区最低，为 26.22g/kg，二者仅相差 9.23g/kg。剖面土壤有机碳含量大小顺序为：石砾含量为 40%～50%区＞石砾含量大于 50%区＞石砾含量为 20%～30%区＞石砾含量为 10%～20%区＞石砾含量为 30%～40%区＞石砾含量小于 10%区。石砾含量为 40%～50%区最高，为 32.06g/kg，石砾含量小于 10% 区最低，为 23.03g/kg，二者相差 9.03g/kg。表层土壤有机碳含量与剖面土壤有机碳含量差值较小，且变幅不大。土壤有机碳含量并没有简单地随石砾含量增大而增大或减少，说明石砾含量对土壤有机碳含量的影响是极其复杂的(图 5-14)。

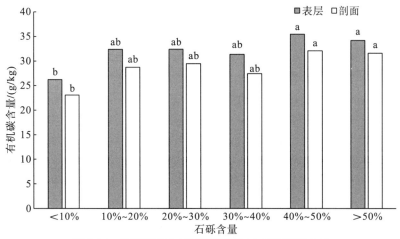

图 5-14 不同石砾含量表层和剖面土壤有机碳含量

5.2.6 岩石裸露率对土壤有机碳含量空间分布的影响

岩石裸露区土层较为浅薄，不同岩石裸露率等级区土壤厚度为 30～40cm。岩石裸露率为 50%～60%区土壤有机碳含量在剖面上随土层加深呈类直线形减小。岩石裸露率为 30%～40%和大于 70%区土壤有机碳含量在剖面上随土层加深呈类折线形减小，岩石裸露率为 30%～40%区 0～15cm 内减小较快，15cm 以下减小较慢，岩石裸露率大于 70%区 10cm 以上减小较快，10cm 以下减小较慢。其余岩石裸露率等级区土壤有机碳含量在剖面上呈多段折线形下降，岩石裸露率为 60%～70%、40%～50%和 20%～30%区土壤有机碳含量在剖面上呈"快—慢—快"三段下降，岩石裸露率小于 20%区呈"慢—快—慢—快"四段下降。

总体而言，土壤有机碳含量基本随岩石裸露率增大而增大。岩石裸露率大于 70%区土壤有机碳含量最高，0～5cm 土层有机碳含量高达 44.20g/kg，5～10cm 土层土壤有机碳含量为 35.91g/kg。随着岩石裸露率降低，土壤有机碳含量减少，岩石裸露率小于 20%的区域土壤有机碳含量最低。因不同岩石裸露等级区土壤有机碳含量相对集中，加上各等级区降幅差异大，土壤有机碳含量剖面分布图出现多处交叉(图 5-15)。

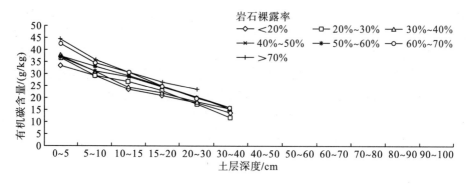

图 5-15   不同岩石裸露率区土壤有机碳含量空间分布图

不同岩石裸露率等级区表层土壤(0～20cm)有机碳含量大于剖面土壤。除岩石裸露率为 20%～30%区表层土壤有机碳含量略高于岩石裸露率为 30%～40%区外，表层土壤有机碳含量随岩石裸露率降低而减小，岩石裸露率大于 70%区土壤有机碳含量最高，为 37.12g/kg，岩石裸露率小于 20%区土壤有机碳含量最低，为 28.70g/kg。剖面土壤有机碳含量与表层土壤有机碳含量规律一致，也随岩石裸露率降低而减小(除岩石裸露率为 20%～30%区较高外)，这是因为岩石裸露率越大的地方土壤分布面积越小，且输入土壤的有机物质分散范围越小，土壤有机碳的浓度就越高。因岩石裸露区土层浅薄，表层土壤有机碳含量与剖面土壤有机碳含量差值较小，变幅为 1.66～3.08g/kg（图 5-16）。

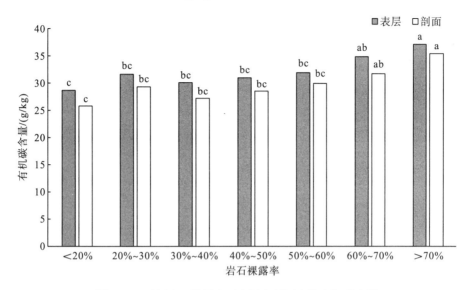

图 5-16　不同岩石裸露率区表层和剖面土壤有机碳含量

喀斯特地区石漠化强度分级以基岩裸露率为指标进行划分，岩石裸露率小于
30%区为无明显石漠化或潜在石漠化，岩石裸露率为 30%～50%区为轻度石漠化，
岩石裸露率为 50%～70%区为中度石漠化，岩石裸露率大于 70%区为重度石漠化。
由岩石裸露率与土壤有机碳含量的关系可知，土壤有机碳含量随岩石裸露率增加
而升高，即石漠化强度等级增加，土壤有机碳含量升高。

5.2.7　坡位、坡向、坡度对土壤有机碳含量的影响

不同坡位土壤有机碳含量均随土层加深而减小，不同坡位减小幅度有所差异。
上坡、坡顶和中坡土壤有机碳含量在剖面上的变化较相似，随土层加深呈直线形
下降，上坡、坡顶下降速度快，中坡下降缓。下坡、坡脚和洼地土壤有机碳含量
在 0～40cm 土层内减小较快，40cm 以下缓慢减小并趋于稳定。

总体而言，上坡土壤有机碳含量最高，0～5cm 土层有机碳含量高达
46.05g/kg，随着土层加深，有机碳含量迅速减少至 19.86g/kg；坡顶、中坡和下
坡土壤有机碳含量次之，0～5cm 土层坡顶土壤有机碳含量为 38.42g/kg，高于中
坡和下坡，然而因其随土层加深减少速度较快，10～15cm 土层以下低于中坡，
40～50cm 土层低于下坡；坡脚和洼地土壤有机碳含量最低（图 5-17）。

不同坡位表层土壤（0～20cm）有机碳平均含量大于剖面土壤，不同坡位间表
层土壤有机碳含量差异显著，大小顺序为：上坡＞坡顶＞中坡＞下坡＞坡脚＞洼
地。上坡表层土壤有机碳含量最高，为 39.83g/kg，洼地最低，为 19.21g/kg，上坡

是洼地的 2.07 倍。除坡顶和中坡剖面土壤有机碳含量差异不显著外，其余坡位间差异显著，大小顺序为：上坡＞坡顶＞中坡＞下坡＞坡脚＞洼地。上坡最高，为 37.84g/kg，洼地最低，为 12.77g/kg，上坡是洼地的 2.96 倍。这与土壤厚度从上坡到中坡到下坡再到坡脚和洼地依次增加有关，加上上坡、中坡、坡顶多为林地、灌木林地等，植被状况良好，有机物输入多，且地势较高，人迹罕至，受人为干扰少，有机碳含量高。坡脚和洼地则多为农用地，植被覆盖较差，且有机物质被收割而较少输入土壤，土壤有机碳含量低。表层土壤有机碳含量与剖面土壤有机碳含量差值较小，变幅为 1.99～6.44g/kg，上坡最小，洼地最大(图 5-18)。

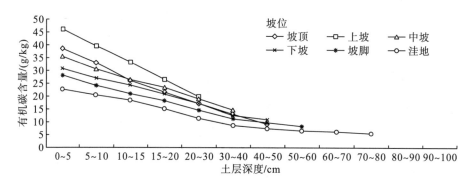

图 5-17　不同坡位土壤有机碳含量空间分布图

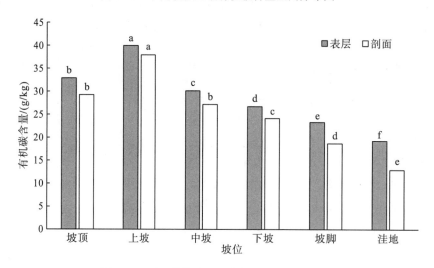

图 5-18　不同坡位表层和剖面土壤有机碳含量

不同坡向土壤有机碳含量均随土层加深减小，不同坡向减小幅度有所差异。南坡和北坡土壤有机碳含量在剖面上的变化较为相似，随土层加深呈直线形下降，南坡下降速度快，北坡下降较慢。西坡和东坡土壤有机碳含量在 0～40cm 土层内减小较快，有所波动，40cm 以下减少速度变慢并趋于稳定；无坡向土壤有机碳含量在剖面上呈"慢—快—慢"三段折线形减小，0～20cm 土层内减小较慢，20～40cm 土层减小较快，40cm 以下土层减小缓慢并趋于稳定。

总体而言，南坡和北坡有机碳含量最高，南坡 0～5cm 土层有机碳含量最高，为 35.54g/kg，但随着土层加深，有机碳含量迅速减小至 9.34g/kg，北坡 0～5cm 土层有机碳含量低于南坡，但因其随土层加深减少速度慢而南坡减小速度快，15～20cm 土层以下其有机碳含量高于南坡；西坡和东坡次之，西坡略高；无坡向土壤有机碳含量最低(图 5-19)。

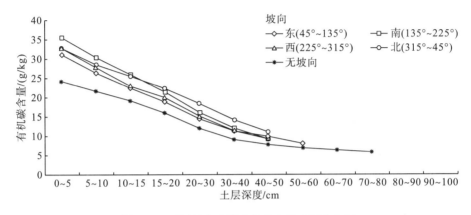

图 5-19　不同坡向土壤有机碳含量空间分布图

一般来说，阳坡(南坡)干燥，土壤有机碳分解较快，土壤有机碳含量低，而阴坡(北坡)和半阴坡土壤有机碳比较高(连纲等，2006)。流域内北坡土壤有机碳含量除与无坡向差异显著外，与其余坡向差异均不显著，说明流域土壤有机碳含量南北差异不明显，可能与流域内气候差异较小，光温水热差异不大有关。不同坡向表层土壤有机碳含量高于剖面土壤。表层土壤有机碳含量大小顺序为：南坡＞北坡＞西坡＞东坡＞无坡向。南坡最高，为 29.73g/kg，无坡向最低，为 20.58g/kg，两者相差 9.15g/kg。剖面土壤有机碳含量大小顺序与表层土壤有机碳含量一致，南坡最高，为 26.70g/kg，无坡向最低，为 14.60g/kg，南坡是无坡向的 1.83 倍。表层土壤有机碳含量与剖面土壤有机碳含量差值变幅为 3.03～5.98g/kg(图 5-20)。

不同坡度等级区土壤有机碳含量均随土层加深而减小，坡度大于 35°、15°～25°和 8°～15°的区域土壤有机碳含量在剖面上的变化较相似，随土层深度增加呈类直线形减小。坡度为 15°～25°和 8°～15°区减小较慢，坡度大于 35°区减小较快，坡度为 15°～25°和 8°～15°区 20cm 以下土层土壤有机碳含量相差不大。坡度为 25°～35°区土壤有机碳含量随土层加深呈折线形减小，0～20cm 土层内减小较慢，20°～40cm 土层减小较快。坡度小于 5°和 5°～8°的区域土壤有机碳含量在剖面上呈"慢—快—慢"三段折线形减小，0～20cm 土层内减小较慢，20～40cm 土层减小较快，40cm 以下减小缓慢并趋于稳定。

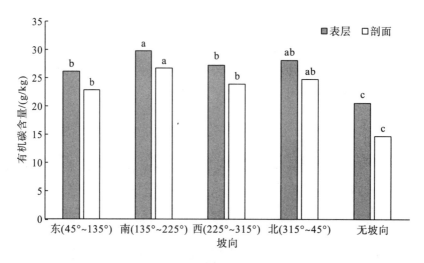

图 5-20　不同坡向表层和剖面土壤有机碳含量

　　总体而言，坡度大于 35°区域土壤有机碳含量最高，0～5cm 土层有机碳含量高达 45.43g/kg，随着土层加深，有机碳含量迅速减小至 22.42g/kg。坡度为 25°～35°的区域次之，坡度为 15°～25°、8°～15°和 5°～8°区土壤有机碳含量依次减小。坡度小于 5°的区域土壤有机碳含量最低。说明坡度越大的区域总体上有机碳含量越高(图 5-21)。

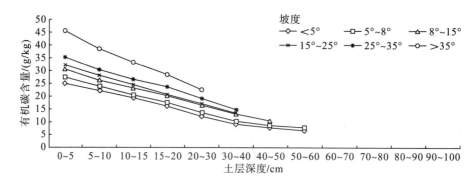

图 5-21　不同坡度等级区土壤有机碳含量空间分布图

　　不同坡度等级区表层土壤(0～20cm)有机碳含量高于剖面土壤，表层土壤有机碳含量随坡度增大而增大。坡度大于 35°区最高，为 38.71g/kg，坡度小于 5°区最低，为 21.15g/kg。剖面土壤有机碳含量也随坡度增大而增加，坡度大于 35°区最高, 为 36.49g/kg, 坡度小于 5°区最低, 为 15.46g/kg。表层土壤有机碳含量与剖面土壤有机碳含量差值随坡度增大而减小, 坡度小于 5°区最大, 为 5.68g/kg, 坡度大于 35°区最小, 为 2.22g/kg(图 5-22)。

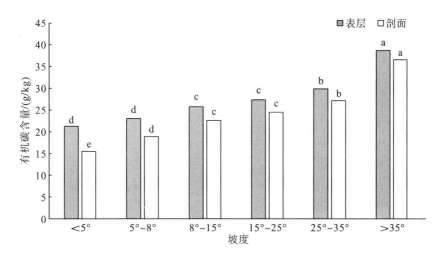

图 5-22　不同坡度等级区表层和剖面土壤有机碳含量

5.2.8　海拔对土壤有机碳含量空间分布的影响

不同海拔区土壤有机碳含量均随土层加深而减小, 海拔越高, 土壤有机碳含量随土层加深下降幅度越小。海拔大于 1400m 和海拔为 1350～1400m 的区域土壤有机碳含量在剖面上的变化较为相似, 均随土层加深呈直线形下降。海拔为 1300～1350m 和 1250～1300m 区土壤有机碳在剖面上呈折线形下降, 海拔为 1250～1300m 区 50cm 以下土壤有机碳含量减少速度明显变慢, 海拔为 1250～1300m 区转折点出现在 40cm 处, 海拔为 1250～1300m 和 1300～1350m 的区域在 60cm 以下含量十分接近。海拔为 1200～1250m 和海拔小于 1200m 区土壤有机碳含量在剖面上呈"慢—快—慢"三段折线形减少, 海拔为 1200～1250m 区 0～20cm 土层减小较慢, 20～40cm 减小较快, 40cm 以下减小缓慢并趋于稳定。海拔小于 1200m 区转折点出现在 10cm 和 30cm 处, 海拔小于 1200m 和海拔为 1200～1250m 的区域 40cm 以下含量十分接近。

总体而言, 海拔大于 1400m 区土壤有机碳含量最大, 0～5cm 土层有机碳含量高达 41.86g/kg, 随着土层加深, 有机碳含量迅速减小至 19.31g/kg。海拔为 1350～1400m 的区域次之, 海拔为 1300～1350m、1250～1300m、1200～1250m 和小于 1200m 的区域土壤有机碳含量依次减小。海拔小于 1200m 的区域土壤有机碳含量最低。即海拔越高的地方总体上有机碳含量越高(图 5-23)。

　　土壤有机碳含量除海拔为1200～1250m和小于1200m区差异不显著外,其余海拔高度区差异显著。不同海拔高度区表层土壤(0～20cm)有机碳含量大于剖面土壤。表层土壤有机碳含量总体随海拔升高而增加。海拔大于1400m区域表层土壤有机碳含量最高,为36.51g/kg,海拔小于1200m的区域最低,为15.66g/kg。剖面土壤有机碳含量与表层土壤一致,除海拔为1200～1250m和小于1200m区差异不显著外,其余海拔高度区差异显著,且也随海拔升高而增大。海拔大于1400m区剖面土壤有机碳含量最高,为34.15g/kg,海拔小于1200m区最低,为10.39g/kg。海拔为1200～1250m区表层土壤平均有机碳含量与剖面土壤平均有机碳含量差值最大,为6.16g/kg,海拔大于1400m区最低,为2.37g/kg(图5-24)。

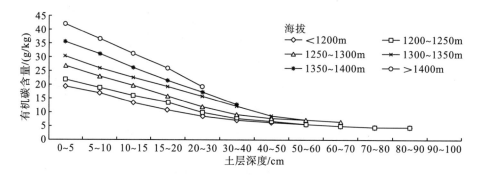

图 5-23　不同海拔区土壤有机碳含量空间分布图

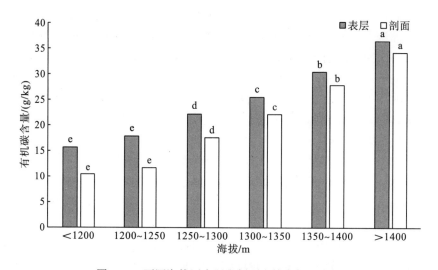

图 5-24　不同海拔区表层和剖面土壤有机碳含量

流域内土壤有机碳含量随海拔升高而增大，多数地区的研究结果表明，海拔与土壤有机碳含量具有正相关关系，如安徽省(许信旺等，2007)、湖南省(陈仕栋，2011)、湖北省秭归县兰陵溪小流域和杉木溪小流域(孟莹，2012)、北京山区(王秀丽等，2013)、祁连山天老池小流域(马文瑛等，2014)、药乡小流域(张立勇等，2015)、马蹄峪小流域(耿广坡等，2011)及贺兰山中段(西坡)及其山前地带主要草地类型(傅华等，2004)等。其原因主要在于受气温和降水的影响，随着海拔的升高，降水量增加，土壤湿度增大，海拔越高气温越低，微生物的活性受到抑制，动植物残体分解速率变慢，土壤有机碳矿化率下降，因而土壤有机碳含量较高。

5.2.9　小生境对土壤有机碳含量空间分布的影响

不同小生境土壤有机碳含量随土层加深而减小，不同小生境减小幅度有所差异。石土面和土面土壤有机碳含量在剖面上的变化较相似，随土层加深呈类直线形下降。其余三种小生境土壤有机碳含量在剖面上呈波动形减小，随土壤加深有机碳含量减小幅度变化较大。

总体而言，石坑土壤有机碳含量最高，石土面次之，0~5cm 土层有机碳含量高达 44.78g/kg，略高于石坑，但其余石土面土层均低于石坑。石沟和石槽土壤有机碳含量较低。土面各土层土壤有机碳含量均最低，50~60cm 土层有机碳含量仅 8.36g/kg(图 5-25)。

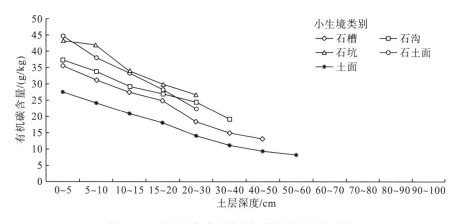

图 5-25　不同小生境土壤有机碳含量空间分布图

不同小生境表层土壤有机碳含量高于剖面土壤，表层土壤有机碳含量大小顺序为：石土面＞石坑＞石沟＞石槽＞土面。石土面最高为 38.56g/kg，土面最低为 23.24g/kg，两者相差 15.32g/kg。剖面土壤有机碳含量大小顺序与表层土壤相同。石土面最高，为 36.71g/kg，土面最低，为 17.94g/kg，石土面是土面的 1.96 倍。

土面表层土壤有机碳含量与剖面土壤有机碳含量差值最大，为 4.47g/kg，石土面最小，为 1.85g/kg。石土面和石坑土壤有机碳含量最高，石土面土层浅薄，其有机碳含量较高。石坑小生境易于接纳外源物质输入，形成凋落物聚集的载体，加上石坑土壤相对湿润，利于土壤动物和微生物对凋落物的生化降解，因此，石坑易积累土壤有机碳，土壤有机碳含量较高，这与廖洪凯等(2011)的研究结果一致。石沟周围难以生长高大乔木，地表植物以灌木草本为主，枯落物进入数量相对较少，土壤有机碳含量次之。土面土层较深厚，输入的有机碳被分散到更多土壤中(尤其是土面)，因而有机碳含量最低(图 5-26)。

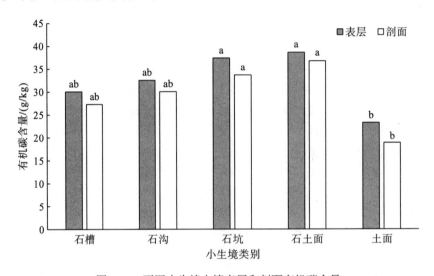

图 5-26   不同小生境土壤表层和剖面有机碳含量

5.2.10   土地利用方式对土壤有机碳含量空间分布的影响

不同土地利用方式土壤有机碳含量随土层加深而减小，不同土地利用方式减小幅度有所差异。乔木林地、灌木林地和未利用地土壤有机碳含量在剖面上的变化较为相似，均为随土层加深呈类折线形下降，0~20cm 土层下降较慢，20cm 以下下降相对较快。旱地土壤有机碳含量在 0~40cm 土层减小较快，40cm 以下减小速度较慢并趋于稳定。水田土壤有机碳含量在剖面上分三段变化，0~15cm 随土层加深缓慢减小，15~40cm 土层减小较快，40cm 以下减小速度减慢并趋于稳定。

总体而言，乔木林地土壤有机碳含量最高，0~5cm 土层有机碳含量高达40.13g/kg，随着土层加深，有机碳含量减少至 13.90g/kg。灌木林地和未利用地土壤有机碳含量次之。旱地和水田土壤有机碳含量最低，旱地总体高于水田，0~15cm 土层旱地和水田土壤有机碳含量十分接近(图 5-27)。

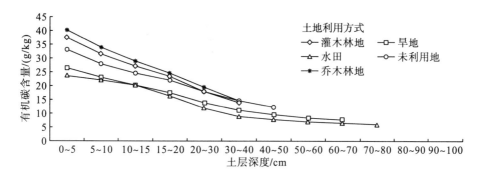

图 5-27　不同土地利用方式土壤有机碳含量空间分布图

　　不同土地利用方式表层土壤(0～20cm)有机碳含量高于剖面土壤,表层土壤有机碳含量大小顺序为:乔木林地＞灌木林地＞未利用地＞旱地＞水田。乔木林地最高,为 33.83g/kg,水田最低,为 20.51g/kg,两者相差 13.32g/kg。剖面土壤有机碳含量大小顺序与表层土壤相同。乔木林地剖面土壤有机碳含量为 30.80g/kg,水田为 12.92g/kg,乔木林地是水田的 2.38 倍。水田表层土壤有机碳含量与剖面土壤有机碳含量差值最大,为 7.59g/kg,灌木林最小,为 2.41g/kg(图 5-28)。乔木林地和灌木林地地表植被覆盖良好,植物枯落物丰富,人为干扰少,有机碳含量高。未利用地则因植被结构相对较差而有机碳含量次之。旱地和水田种植作物人为干扰大,耕作时会扰动土壤结构,使土壤通透性变大,土壤呼吸作用变强,土壤有机碳分解速率加快,加上作物收获时被移出,有机物质损失较多,土壤有机碳含量低。因部分旱地位于山区,而山区土壤有机碳含量高于地势低洼处,故旱地土壤有机碳含量高于水田。

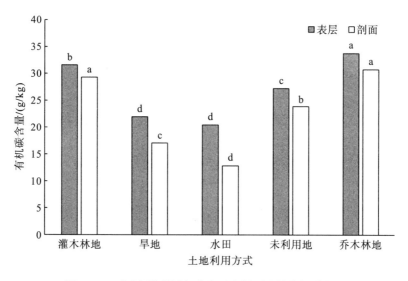

图 5-28　不同土地利用方式表层和剖面土壤有机碳含量

5.3 喀斯特小流域土壤有机碳密度的影响因素

5.3.1 母质对土壤有机碳密度空间分布的影响

不同母质发育土壤 10cm 厚土壤有机碳密度总体上随土层加深而减小,深层土壤减小幅度变小,趋于稳定,变化规律与土壤有机碳含量变化规律类似,即相同层位石灰岩和白云岩发育土壤有机碳密度最大,且相差不大,0～20cm 土层内石灰岩发育土壤有机碳密度略大,随着土层加深两者差距减小,30cm 以下白云岩发育土壤有机碳密度略大。泥灰岩发育土壤有机碳密度次之,0～10cm 土层土壤有机碳密度为 2.786kg/m²。第四纪黄黏土和砂页岩发育土壤有机碳密度最小,且两者在各层位相差不大,上层第四纪黄黏土发育土壤有机碳密度略大,随土层加深两者差距减小,深层砂页岩发育土壤有机碳密度略大于第四纪黄黏土发育土壤(图 5-29)。

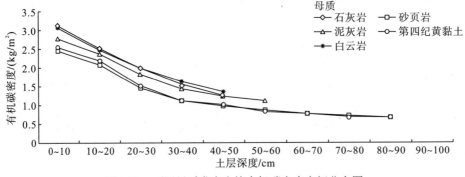

图 5-29 不同母质发育土壤有机碳密度空间分布图

方差分析结果显示,不同母质发育表层和剖面土壤有机碳密度差异极显著(P＜0.01),故进行多重比较,结果如图 5-30 所示。不同母质发育土壤表层(0～20cm)土壤有机碳密度变幅为 4.50～5.45kg/m²,石灰岩、白云岩和泥灰岩发育土壤表层土壤有机碳密度差异不显著,但显著高于第四纪黄黏土和砂页岩发育土壤,即石灰岩、白云岩和泥灰岩发育土壤大于第四纪黄黏土和砂页岩发育土壤。不同母质发育土壤剖面土壤有机碳密度变幅为 9.72～11.10kg/m²,除泥灰岩和石灰岩发育土壤差异显著外,其余母质发育土壤间差异不显著,大小顺序为:泥灰岩发育土壤＞砂页岩发育土壤＞第四纪黄黏土发育土壤＞白云岩发育土壤＞石灰岩发育土壤。石灰岩和白云岩发育土壤有机碳含量和表层土壤有机碳密度较高,但因土层浅薄,容重较小,剖面土壤有机碳密度较小,分别为 9.72kg/m² 和 10.02kg/m²。说明土层深度是影响土壤有机碳密度的重要因素。

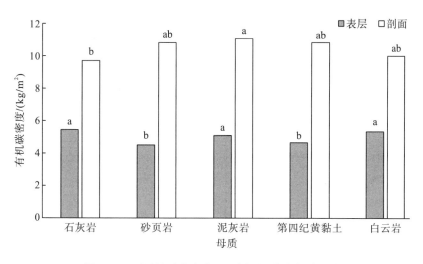

图 5-30　不同母质发育表层和剖面土壤有机碳密度

5.3.2　土壤类型对土壤有机碳密度空间分布的影响

不同土属 10cm 厚土壤有机碳密度总体随土层加深而减小，黑色石灰土土壤有机碳密度随土层加深呈直线形下降。黄色石灰土、白砂土、白大土泥、小土泥、大土泥土壤 10cm 厚土壤有机碳密度在剖面上呈弧线形减小，即随土层加深土壤有机碳密度下降幅度逐渐减小。黄泥土土壤有机碳密度总体随土层加深减小较慢，但 0～40cm 土层内减小相对较快，40cm 以下减小缓慢，趋于稳定。大泥田和黄泥田土壤有机碳密度 0～20cm 土层内随土层加深减小较缓慢，20～40cm 减小较快，40cm 以下减小缓慢，并趋于稳定。

剖面内不同土属 10cm 厚有机碳密度总体随土层加深而减小，深层土壤 10cm 厚有机碳密度趋于稳定。总体而言，黑色石灰土土壤有机碳密度最大，黄色石灰土和大泥田次之，白砂土、白大土泥、小土泥、大土泥土壤有机碳密度较为接近，黄泥田和黄泥土最低。10cm 厚土壤有机碳密度最大值是黑色石灰土 0～10cm 土层的 3.69kg/m² 是最小值黄泥土 80～90cm 土层 0.60kg/m² 的 6.12 倍，说明土壤有机碳密度空间分布差异较大(图 5-31)。

方差分析结果显示，不同土属表层和剖面土壤有机碳密度差异极显著($P<$ 0.01)，故进行多重比较，结果如图 5-32 所示。不同土属表层土壤有机碳密度变幅为 3.53～6.16kg/m²，大小顺序为：黑色石灰土＞大泥田＞黄色石灰土＞黄泥田＞白砂土＞大土泥＞小土泥＞白大土泥＞黄泥土。剖面土壤有机碳密度变幅为 7.46～14.06kg/m²，大小顺序为：大泥田＞大土泥＞黄泥田＞黄色石灰土＞小土泥＞黑色石灰土＞白大土泥＞黄泥土＞白砂土，说明不同土属分区土壤有机碳密度存在较大差异。黑色石灰土土壤有机碳含量和表层土壤有机碳密度最大，但因土层浅薄且土壤石砾含量高，剖面土壤有机碳密度较小，仅为 9.37kg/m²，比最高的

大泥田少 4.69kg/m²。大泥田和黄泥田土壤有机碳含量虽较低，但因土层深厚，土壤基本不含石砾，加上其土壤容重较大，故剖面土壤有机碳密度较大。黄泥土土层虽较厚，但因其有机碳含量最低，土壤容重最小，故剖面土壤有机碳密度较小。说明影响剖面土壤有机碳密度的因素是极其复杂的。

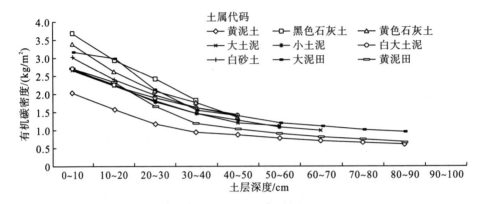

图 5-31   不同土属土壤有机碳密度空间分布图

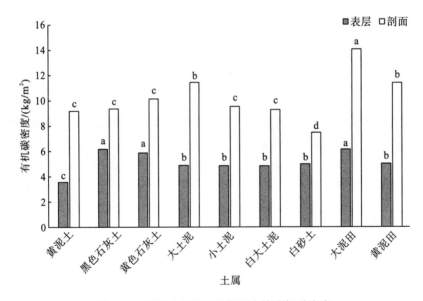

图 5-32   不同土属表层和剖面土壤有机碳密度

5.3.3   土壤厚度对土壤有机碳密度空间分布的影响

不同土壤厚度区 10cm 厚土壤有机碳密度总体随土层加深而减小。土壤厚度薄于 30cm 区土壤有机碳密度随土层加深呈直线形下降。土壤厚度为 30～40cm 和 40～50cm 区域土壤有机碳密度在剖面内呈折线形减小，0～30cm 土层内减小较快，30cm 以下减小较慢。土层厚于 50cm 区域 10cm 厚土壤有机碳密度在剖面上呈多段折线形下降，波动较大，但 40cm 以下减小缓慢并趋于稳定。

总体而言，土壤厚度薄于 60cm 区域 10cm 厚土壤有机碳密度随土壤厚度增加而减小，这是因为土壤厚度浅薄区域土壤有机碳含量高。土壤厚度厚于 60cm 区域土壤有机碳密度随土壤厚度增加变化复杂，不同土壤厚度区域土壤有机碳密度垂直分布图出现多处交叉，原因在于这些区域土壤有机碳含量随土壤厚度增加减少幅度小，且土壤容重及石砾含量等差异大 (图 5-33)。

不同土壤厚度区域表层土壤有机碳密度变幅为 3.58~6.49kg/m^2，土壤厚度为 20~30cm 和 10~20cm 区最大，除土壤厚度薄于 10cm 区因土层太过浅薄而表层土壤有机碳密度最小外，土层越浅薄区域，总体上表层土壤有机碳密度越大。剖面土壤有机碳密度变幅为 3.58~12.96kg/m^2，土壤厚度为 80~90cm 区最大，土壤厚度为 90~100cm 区次之，土壤厚度薄于 10cm 区最小，除个别临近土层厚度等级区稍有波动外，土层越深厚，剖面土壤有机碳密度越大。总体而言，土层越深厚，表层土壤有机碳密度占全剖面的比例越小 (图 5-34)。

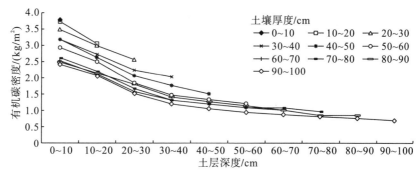

图 5-33　不同土壤厚度下土壤有机碳密度空间分布图

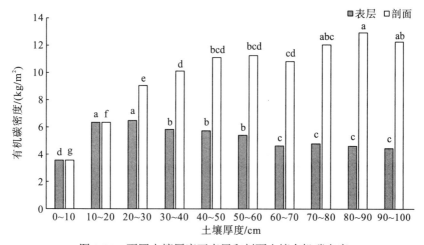

图 5-34　不同土壤厚度下表层和剖面土壤有机碳密度

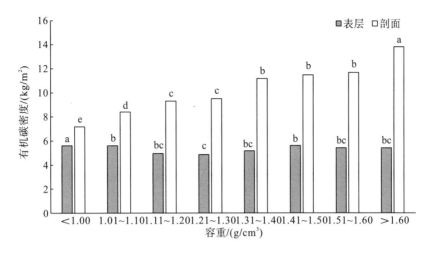

图 5-36　不同容重表层和剖面土壤有机碳密度的关系

5.3.5　石砾含量对土壤有机碳密度空间分布的影响

不同石砾含量等级区 10cm 厚土壤有机碳密度总体上随土层加深而减小。石砾含量为 10%～20%区和 20%～30%区 10cm 厚土壤有机碳密度随土层加深呈类直线形下降。其余石砾含量等级区 10cm 厚土壤有机碳密度在剖面上呈折线形减小，石砾含量小于 10%和大于 50%区 10～20cm 土层内下降较快，20cm 以下下降较慢，石砾含量为 30%～40%区 10～30cm 土层内下降较快，30cm 以下下降较慢，石砾含量为 40%～50%区 0～40cm 土层内下降较快，40cm 以下下降较慢。

总体而言，不同石砾含量等级区土壤有机碳密度基本随石砾含量增加而减小（除石砾含量小于 10%区低于石砾含量为 10%～20%区外）。这是因为石砾所占比重越大，土壤就越少，单位面积一定厚度的土体中有机碳储量就越小。石砾含量为 10%～20%区土壤有机碳密度最大，0～10cm 土层土壤有机碳密度为 3.36kg/m^2。石砾含量大于 50%区土壤有机碳密度最小（图 5-37）。

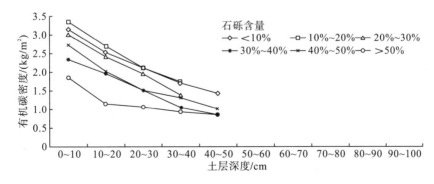

图 5-37　不同石砾含量土壤有机碳密度空间分布图

　　不同石砾含量等级区表层(0～20cm)土壤有机碳密度范围为2.70～5.82kg/m²，除石砾含量小于 10%区低于石砾含量为 10%～20%区外，其他不同石砾含量等级区表层土壤有机碳密度均随石砾含量增加而减小。剖面土壤有机碳密度范围为5.94～10.31kg/m²，不同石砾含量等级区剖面土壤有机碳密度基本随石砾含量增加而减小(图5-38)。

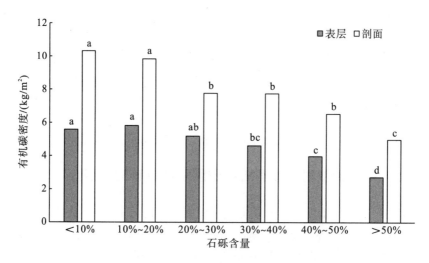

图5-38　　不同石砾含量表层和剖面土壤有机碳密度

5.3.6　岩石裸露率对土壤有机碳密度空间分布的影响

　　剖面内不同岩石裸露率等级区 10cm 厚有机碳密度总体随土层加深而减小，不同岩石裸露率等级区减小幅度有所差异。岩石裸露率为 20%～30%、50%～60%和 60%～70%区土壤有机碳密度在剖面上随土层加深呈类直线形减小。岩石裸露率为 30%～40%和大于 70%的区域土壤有机碳密度在剖面呈折线形减小，0～20cm土层内减小较快，20cm 以下减小较慢。岩石裸露率为 40%～50%区和小于 20%区土壤有机碳密度在剖面上呈"快—慢—快"三段下降。

　　总体而言，岩石裸露率为 60%～70%区土壤有机碳密度最大，0～10cm 土层土壤有机碳密度高达 3.59kg/m²，10～20cm 土层土壤有机碳密度为 2.84kg/m²。岩石裸露率大于 70%区土壤有机碳密度次之，岩石裸露率小于 20%区土壤有机碳密度最小。各岩石裸露率等级区 0～20cm 土层土壤有机碳密度除个别等级区外，均随岩石裸露率增大而增大，20cm 以下因下降幅度差异较大规律不明显(图5-39)。

　　不同岩石裸露率等级区表层(0～20cm)土壤有机碳密度变幅为 5.49～6.44kg/m²，大小顺序为：岩石裸露率为 60%～70%区＞岩石裸露率大于 70%区＞岩石裸露率为 20%～30%区＞岩石裸露率为 50%～60%区＞岩石裸露率为 40%～50%区＞岩石裸露率为30%～40%区＞岩石裸露率小于 20%区。岩石裸露率为60%～

70%区最大，为 6.44kg/m²，岩石裸露率小于 20%区最小，为 5.49kg/m²，两者相差 0.95kg/m²。除岩石裸露率为 60%~70%和岩石裸露率大于 70%区剖面土壤有机碳密度差异显著外，其余岩石裸露率等级区之间差异不显著。剖面土壤有机碳密度变幅为 8.64~10.55kg/m²，大小顺序为：岩石裸露率为 60%~70%区＞岩石裸露率为 30%~40%区＞岩石裸露率为 20%~30%区＞岩石裸露率为 40%~50%区＞岩石裸露率小于 20%区＞岩石裸露率为 50%~60%区＞岩石裸露率大于 70%区。岩石裸露率对土壤有机碳密度的影响较为复杂。表层土壤有机碳密度占剖面土壤有机碳密度的比例以岩石裸露率大于 70%区最大，为 69.27%，岩石裸露率为 30%~40%区最小，为 58.87%（图 5-40）。

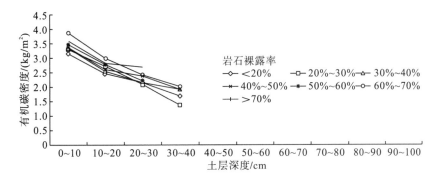

图 5-39　不同岩石裸露率区土壤有机碳密度空间分布图

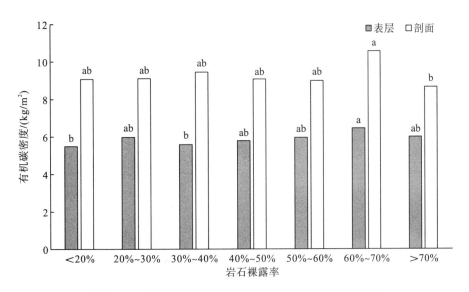

图 5-40　不同岩石裸露率区表层和剖面土壤有机碳密度

土壤有机碳密度并没有简单地随石漠化强度等级增加而增大或减小,不同石漠化强度等级区土壤有机碳密度变化复杂,重度石漠化区剖面土壤有机碳密度最小,加上其岩石裸露率高,土壤碳储量必然很小,说明石漠化发展到重度后,土壤有机碳损失严重,碳库减小。

5.3.7 坡位、坡向、坡度对土壤有机碳密度空间分布的影响

不同坡位 10cm 厚土壤有机碳密度总体随土层加深而减小。上坡、坡顶和中坡土壤有机碳密度在剖面上呈折线形减小,10~20cm 土层内减小较快(上坡减小最快,中坡次之,坡顶最慢),20cm 以下土层减小较慢。下坡和坡脚土壤有机碳密度在剖面上的变化过程较相似,也呈折线形减小,10~40cm 土层内减小较快,40cm 以下土层减小缓慢并趋于稳定。洼地土壤有机碳密度在剖面上呈"慢—快—慢"三段折线形减少,10~20cm 土层减小较慢,20~40cm 土层减小较快,40cm 以下土层减小缓慢并趋于稳定。

总体而言,上坡土壤有机碳密度最大,中坡和坡顶次之,坡脚和下坡土壤有机碳密度较小且较接近,洼地土壤有机碳密度最低。10cm 厚土壤有机碳密度最大值是上坡土壤 0~10cm 土层的 3.66kg/m²,是最小值洼地土壤 70~80cm 土层 0.76kg/m² 的 4.83 倍,说明土壤有机碳密度空间分布差异较大(图 5-41)。

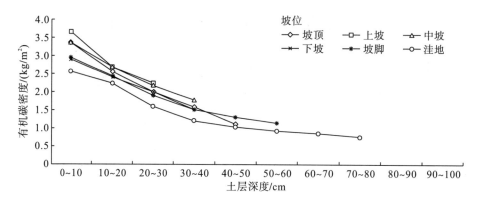

图 5-41　不同坡位土壤有机碳密度空间分布图

不同坡位表层(0~20cm)土壤有机碳密度范围为 4.80~5.82kg/m²,大小顺序为:上坡>中坡>坡顶>坡脚>下坡>洼地。剖面土壤有机碳密度范围为 8.26~11.23kg/m²,大小顺序为:洼地>坡脚>中坡>坡顶>下坡>上坡。上坡表层土壤有机碳密度占剖面土壤有机碳密度的比例最大,达 70.49%,洼地最小,为42.74%。上坡土壤有机碳含量和表层土壤有机碳密度最大,但因土层浅薄,剖面土壤有机碳密度最小,洼地和坡脚土壤有机碳含量低,表层土壤有机碳密度较小,但因土层深厚,土壤容重大,剖面土壤有机碳密度最大(图 5-42)。

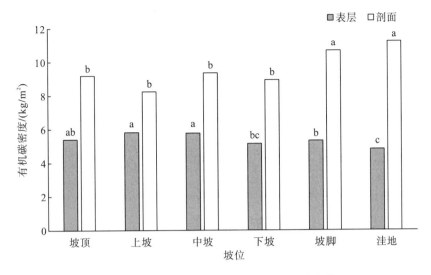

图 5-42　不同坡位表层和剖面土壤有机碳密度

不同坡向 10cm 厚土壤有机碳密度总体上随土层加深而减小，不同坡向减小幅度有所差异。北坡土壤有机碳密度在剖面上随土层加深呈直线形下降，南坡、西坡和东坡土壤有机碳密度在剖面上呈弧线形减小，随着土层加深，土壤有机碳密度减小幅度逐渐减小，无坡向土壤有机碳密度在剖面上的变化规律与其土壤有机碳含量相似，呈"慢—快—慢"三段折线形减少，10～20cm 土层内减小较慢，20～40cm 土层减小较快，40cm 以下土层减小缓慢并趋于稳定。

总体而言，北坡和南坡土壤有机碳密度最大，西坡和东坡次之，无坡向土壤有机碳密度最低。10cm 厚土壤有机碳密度最大值是南坡土壤 0～10cm 土层的 3.33kg/m²，是最小值无坡向土壤 70～80cm 土层 0.77kg/m² 的 4.33 倍，说明土壤有机碳密度空间分布差异较大（图 5-43）。

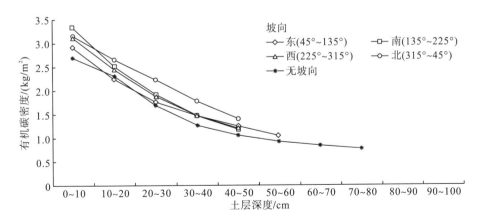

图 5-43　不同坡向土壤有机碳密度空间分布图

　　不同坡向表层(0～20cm)土壤有机碳密度范围为 4.95～5.63kg/m²，不同坡位表层土壤有机碳密度大小顺序为：南坡＞北坡＞西坡＞东坡＞无坡向。剖面土壤有机碳密度范围为 9.10～10.99kg/m²，大小顺序为：无坡向＞北坡＞东坡＞西坡＞南坡。南坡表层土壤有机碳密度占全剖面的比例最大，为61.89%，无坡向最小，为45.07%。南坡土壤有机碳含量和表层土壤有机碳密度较大，但因土层浅薄，土壤容重小，剖面土壤有机碳密度较小，仅为9.10kg/m²。无坡向土壤有机碳含量和表层土壤有机碳密度最小，但因土层深厚，土壤容重大，剖面土壤有机碳密度最大，为10.99kg/m²(图 5-44)。

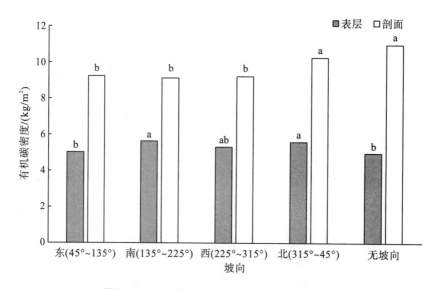

图 5-44　不同坡向表层和剖面土壤有机碳密度

　　不同坡度等级区 10cm 厚土壤有机碳密度总体上随土层加深而减小，不同坡度等级区减小幅度有所差异。坡度大于 35°区、25°～35°区、15°～25°区、8°～15°区土壤有机碳密度在剖面上的变化较相似，随土层加深呈折线形减小，0～20cm土层内减小较快，20cm 以下减小较慢。坡度为 5°～8°区和小于 5°区土壤有机碳密度在剖面上也呈折线形减小，0～40cm 土层内减小较快，40cm 以下减小较慢。

　　总体而言，坡度大于 35°的区域土壤有机碳密度最大，坡度为 25°～35°的区域土壤有机碳密度次之。坡度为 15°～25°和 8°～15°的区域各土层有机碳密度十分接近。坡度为 5°～8°和小于 5°区 0～30cm 土层内土壤有机碳密度十分接近，30cm 以下坡度为 5°～8°的区域土壤有机碳密度大于坡度小于 5°的区域。土壤有机碳密度总体随坡度增大而增大(图 5-45)。

　　不同坡度等级区表层(0～20cm)土壤有机碳密度基本随坡度增加而增大(除坡度为 5°～8°区略低于坡度小于 5°区外)，变幅为 4.90～6.14kg/m²。剖面土壤有机碳密度变幅为 8.78～10.70kg/m^2，大小顺序为：坡度小于 5°区＞坡度为 25°～35°区＞坡度为 5°～8°区＞坡度为 8°～15°区＞坡度为 15°～25°区＞坡度大于 35°区，即除坡度为 25°～35°区剖面土壤有机碳密度较大外，其余坡度等级区剖面土壤有机碳密度均随坡度增加而减小。表层土壤有机碳密度占全剖面的比例也随坡度增大而增大。坡度大于 35°区土壤有机碳含量和表层土壤有机碳密度最大，但因土层浅薄，土壤容重最小，其剖面土壤有机碳密度最小，仅为 8.78kg/m^2。坡度为 25°～35°区则因其有机碳含量较高，表层土壤有机碳密度较大，土层也较深厚，剖面土壤有机碳密度较大。坡度小于 5°区土壤有机碳含量和表层土壤有机碳密度较小，但其土层深厚，土壤容重最大，剖面土壤有机碳密度最大，为 10.70kg/m^2（图 5-46）。

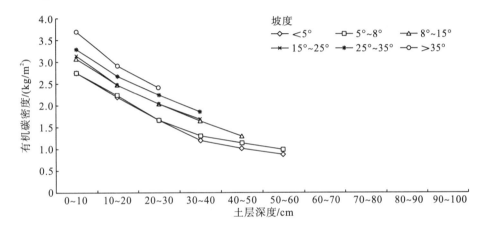

图 5-45　不同坡度等级区土壤有机碳密度空间分布图

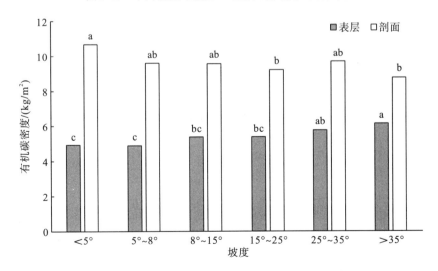

图 5-46　不同坡度区表层和剖面土壤有机碳密度

5.3.8 海拔对土壤有机碳密度空间分布的影响

剖面内不同海拔等级区域 10cm 厚土壤有机碳密度总体上随土层深度加深而减小，且均呈折线形减小，不同海拔区域转折点不同。海拔大于 1400m 和海拔为 1350～1400m 的区域土壤有机碳密度在 10～20cm 减小较快，20cm 以下减小较慢。海拔为 1300～1350m 的区域转折点在 40～50cm 土层，海拔 1250～1300m 和 1200～1250m 的区域转折点在 30～40cm 土层，海拔小于 1200m 的区域转折点在 20～30cm 土层。

总体而言，海拔越高，10cm 厚土壤有机碳密度越大。海拔大于 1400m 的区域土壤有机碳密度最大，海拔为 1200～1250m 和海拔小于 1200m 的区域土壤有机碳密度最小。10cm 厚土壤有机碳密度最大值是海拔大于 1400m 区域 0～10cm 土层的 3.62kg/m^2，是最小值海拔小于 1200m 区域 80～90cm 土层 0.55kg/m^2 的 6.58 倍，说明土壤有机碳密度空间分布差异较大 (图 5-47)。

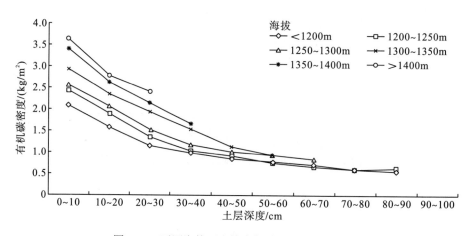

图 5-47   不同海拔区土壤有机碳密度空间分布图

除海拔为 1200～1250m 区与 1250～1300m 区和海拔为 1350～1400m 区与 1400m 区表层土壤有机碳密度差异不显著外，其余海拔等级区差异显著。不同海拔等级区表层 (0～20cm) 土壤有机碳密度变幅为 3.59～5.89kg/m^2，大小顺序与有机碳含量大小顺序一致，即海拔越高表层土壤有机碳密度越大。剖面土壤有机碳密度差异不显著，范围为 8.69～9.95kg/m^2。海拔大于 1400m 的区域土壤有机碳含量和表层土壤有机碳密度最大，但因土层浅薄，土壤容重小，剖面土壤有机碳密度最小，仅为 8.69kg/m^2 (图 5-48)。

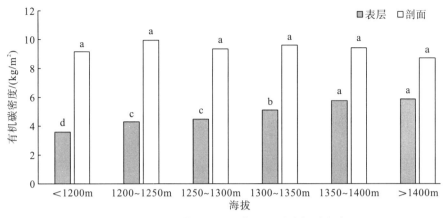

图 5-48　不同海拔区表层和剖面土壤有机碳密度

5.3.9　小生境对土壤有机碳密度空间分布的影响

　　不同小生境 10cm 厚土壤有机碳密度总体上随土层加深而减小，不同小生境减小幅度有所差异。石坑、石土面和石槽土壤有机碳密度在剖面上呈折线形减小，上层土壤有机碳密度随土层加深减小较快，下层减小较慢，石坑和石土面 0~20cm 土层减小较快，20cm 以下减小较慢，石槽转折点在 30cm 处。石沟土壤有机碳密度在剖面上呈类折线形减小，0~30cm 土层减小较慢，30cm 以下减小较快。土面土壤有机碳密度在剖面上呈弧线形减小，随着土层加深减小幅度逐渐变小。

　　总体而言，石坑土壤有机碳密度最大，石沟次之，石土面和石槽较低，土面最小。10cm 厚土壤有机碳密度最大值是石坑土壤 0~10cm 土层的 4.64kg/m^2，是最小值土面土壤 50~60cm 土层 1.09kg/m^2 的 4.26 倍，说明土壤有机碳密度空间分布差异较大(图 5-49)。

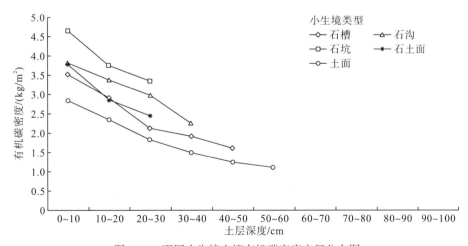

图 5-49　不同小生境土壤有机碳密度空间分布图

　　不同小生境表层(0~20cm)土壤有机碳平均密度变幅为 5.05~8.40kg/m²，大小顺序为：石坑＞石沟＞石槽＞石土面＞土面。剖面土壤有机碳密度变幅为8.44~11.78kg/m²，不同小生境剖面土壤有机碳密度差异不显著(图 5-50)。

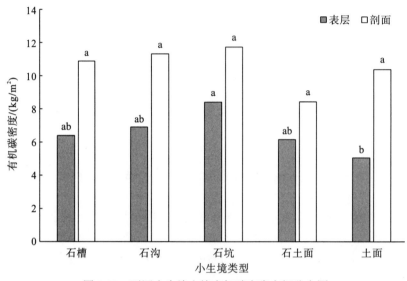

图 5-50　不同小生境土壤有机碳密度空间分布图

5.3.10　土地利用方式对土壤有机碳密度空间分布的影响

　　不同土地利用方式 10cm 厚土壤有机碳密度总体上随土层加深而减小，不同土地利用方式下降幅度有所差异。有林地和未利用地土壤有机碳密度在剖面上的变化较相似，随土层加深呈折线形下降，0~20cm 土层内随土层加深减小较快，20cm 以下减小较慢。灌木林地土壤有机碳密度总体上随土层加深呈类直线形减小。旱地土壤有机碳密度在 0~40cm 土层内随土层加深减少较快，40cm 以下减小速度较慢并趋于稳定。水田土壤有机碳密度在剖面上分三段变化，0~20cm 随土层加深缓慢减小，20~40cm 减小速度较快，40cm 以下缓慢减小并趋于稳定。

　　总体而言，灌木林地和乔木林地土壤有机碳密度最大，未利用地次之，旱地和水田最小，旱地土壤有机碳密度总体高于水田，但水田 10~20cm 土层附近土壤有机碳密度大于旱地，原因在于水田土壤犁底层附近容重较大。10cm 厚土壤有机碳密度最大值是乔木林地土壤 0~10cm 土层的 3.56kg/m²，是最小值水田土壤70~80cm 土层 0.82kg/m² 的 4.34 倍(图 5-51)。

　　不同土地利用方式表层土壤有机碳密度变幅为 5.01~6.01kg/m²，大小顺序为：乔木林地＞未利用地＞灌木林地＞水田＞旱地。剖面土壤有机碳密度变幅为8.67~12.31kg/m²，大小顺序为：水田＞旱地＞未利用地＞乔木林地＞灌木林地，表层土壤有机碳密度占剖面土壤有机碳密度的比例刚好与剖面土壤有机碳密度大小顺序相反。乔木林地土壤有机碳含量和表层土壤有机碳密度最大，但因土层浅薄，土壤容重小，剖面土壤有机碳密度较小，仅为 9.80kg/m²。水田土壤有机碳含量和表层土壤有机碳密度较低，但因土层深厚，土壤容重最大，剖面土壤有机碳密度最大，为 12.31kg/m²(图 5-52)。

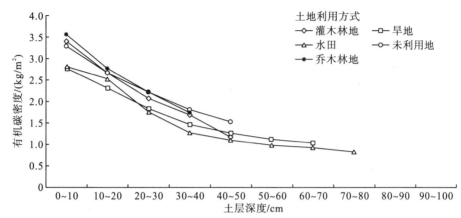

图 5-51　不同土地利用方式土壤有机碳密度空间分布图

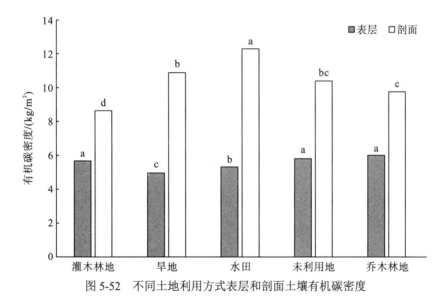

图 5-52　不同土地利用方式表层和剖面土壤有机碳密度

5.4　喀斯特小流域土壤异质性的主导因素及预测

5.4.1　土壤有机碳影响因素回归分析

影响土壤有机碳的因素众多，为深入分析坡度、海拔、土壤厚度、容重、石砾含量、岩石裸露率与土壤有机碳含量和密度之间的相关关系，利用 SPSS 软件进行相关分析，结果(表 5-5)表明：

(1)表层土壤有机碳含量与坡度、海拔、岩石裸露率均呈极显著正相关关系，相关系数 r 分别为 0.995, 0.993 和 0.980；与土壤厚度呈极显著负相关关系，相关系数 r 为-0.910；与容重呈显著负相关关系，相关系数 r 为-0.832；与石砾含量的相关关系不显著。

(2)剖面土壤有机碳含量与坡度、海拔、岩石裸露率均呈极显著正相关关系，相关系数 r 为 0.994, 0.971 和 0.959；与土壤厚度呈极显著负相关关系，相关系数 r 为-0.932；与容重呈显著负相关关系，相关系数 r 为-0.790；与石砾含量的相关关系不显著。

(3)表层土壤有机碳密度与坡度和海拔呈极显著正相关关系，相关系数 r 分别为 0.976 和 0.993；与石砾含量呈极显著负相关关系，相关系数 r 为-0.937；与岩石裸露率呈显著正相关关系，相关系数 r 为 0.832；与土壤厚度和容重的相关关系不显著。

(4)剖面土壤有机碳密度与容重和土壤厚度均呈极显著正相关关系，相关系数 r 分别为 0.973 和 0.860；与石砾含量呈极显著负相关关系，相关系数 r 为-0.985；与坡度、海拔和岩石裸露率的相关关系不显著。

表 5-5　土壤有机碳影响因素相关分析

指标	表层土壤有机碳含量	剖面土壤有机碳含量	表层土壤有机碳密度	剖面土壤有机碳密度
坡度	0.995**	0.994**	0.976**	-0.584
海拔	0.993**	0.971**	0.993**	-0.202
土壤厚度	-0.910**	-0.932**	-0.449	0.860**
容重	-0.832*	-0.790*	-0.407	0.973**
石砾含量	0.510	0.262	-0.937**	-0.985**
岩石裸露率	0.980**	0.959**	0.832*	0.085

注：**表示在置信度(双侧)为 0.01 时，相关性是显著的；*表示在置信度(双侧)为 0.05 时，相关性是显著的

对与表层土壤有机碳含量有相关关系的坡度、海拔、土壤厚度、容重、岩石裸露率进行回归分析，最优拟合方程如表 5-6 所示。

表 5-6　影响因素与表层土壤有机碳含量最优拟合方程

指标	与表层土壤有机碳含量的最优拟合方程	r^2
坡度	$y=20.657+0.269x+0.001x^2$	0.990
海拔	$y=0.420e^{0.003x}$	0.995
土壤厚度	$y=138.243x^{-0.445}$	0.987
容重	$y=127.209-130.932x+39.389x^2$	0.956
岩石裸露率	$y=25.827+7.786x+3.772x^2$	0.966

对与剖面土壤有机碳含量有相关关系的坡度、海拔、土壤厚度、容重、岩石裸露率进行回归分析，最优拟合方程如表 5-7 所示。

表 5-7　影响因素与剖面土壤有机碳含量最优拟合方程

指标	与剖面土壤有机碳含量的最优拟合方程	r^2
坡度	$y=14.576+0.362x$	0.987
海拔	$y=0.034e^{0.005x}$	0.979
土壤厚度	$y=53.525-0.950x+0.005x^2$	0.979
容重	$y=152.290-172.615x+52.941x^2$	0.930
岩石裸露率	$y=22.612+2.389x+11.486x^2$	0.951

对与表层土壤有机碳密度有相关关系的坡度、海拔、石砾含量、岩石裸露率进行回归分析，最优拟合方程如表 5-8 所示。

表 5-8　影响因素与表层土壤有机碳密度最优拟合方程

指标	与表层土壤有机碳密度的最优拟合方程	r^2
坡度	$y=49.315+0.328x$	0.953
海拔	$y=-88.201+0.106x$	0.985
石砾含量	$y=58.005+0.125x-0.11x^2$	0.973
岩石裸露率	$y=54.000+18.835x-4.649x^2$	0.695

对与剖面土壤有机碳密度有相关关系的土壤厚度、石砾含量和容重进行回归分析，最优拟合方程如表 5-9 所示。

表 5-9　影响因素与剖面土壤有机碳密度最优拟合方程

指标	与剖面土壤有机碳密度的最优拟合方程	r^2
土壤厚度	$y=-12.021+2.837x-0.018x^2$	0.910
石砾含量	$y=110.191-0.639x-0.004x^2$	0.974
容重	$y=-35.678+130.680x-22.324x^2$	0.957

5.4.2　土壤有机碳含量影响因素主成分分析

影响土壤有机碳含量的因素众多，各因素之间又有一定的相关性，相互影响。为了更好地区分各因素的主导地位，故用降维的思想对其进行主成分分析。相关分析发现，石砾含量与有机碳含量的相关性不显著，所以在选择分析指标时舍弃，选取相关系数较大的指标进行分析，共有 12 项指标成为主成分分析的备选指标。

从表 5-10 可知，提取公共因子后，除岩性外，各个指标的共同度都比较大，说明这 12 项指标进行综合后，可保留较多信息，主成分分析的效果是显著的。

表 5-10　指标的共同度

指标	初始	提取
x_1	1.000	0.931
x_2	1.000	0.746
x_3	1.000	0.964
x_4	1.000	0.969
x_5	1.000	0.962
x_6	1.000	0.959
x_7	1.000	0.956
x_8	1.000	0.825
x_9	1.000	0.899
x_{10}	1.000	0.816
x_{11}	1.000	0.965
x_{12}	1.000	0.942

注：(1)x_1. 土壤类型；x_2. 母质；x_3. 植被；x_4. 坡位；x_5. 坡向；x_6. 坡度；x_7. 海拔；x_8. 土地利用方式；x_9. 小生境；x_{10}. 土壤厚度；x_{11}. 容重；x_{12}. 岩石裸露率，下同。(2)提取方法：主成分分析法

表 5-11 给出了初始特征值，以及提取因子的载荷平方和，由表可知，提取因子的载荷平方和最大的三个特征值分别为 6.459、2.819 和 1.655，前三个因子的累积贡献率为 91.108%，占总变异的绝大部分，信息损失量仅 8.892%，满足主成分分析对信息损失量的要求，只需取前 3 个主成分进行分析(用 F_1、F_2 和 F_3 表示)，主成分 F_1 贡献率达 53.824%，主成分 F_2 的贡献率达 23.495%，主成分 F_3 的贡献率为 13.789%。碎石图(图 5-53)显示，第一个因子的特征根值很高，对解释原有变量的贡献最大，第四个以后的因子特征根都较小，对解释原有变量的贡献很小，可以忽略，因此提取 3 个因子是合适的。

表 5-11　解释的总方差

成分	初始特征值			提取因子的载荷平方和		
	合计	占总方差的比例%	累积/%	合计	占总方差的比例%	累积/%
1	6.459	53.824	53.824	6.459	53.824	53.824
2	2.819	23.495	77.319	2.819	23.495	77.319

续表

成分	初始特征值			提取因子的载荷平方和		
	合计	占总方差的比例%	累积/%	合计	占总方差的比例%	累积/%
3	1.655	13.789	91.108	1.655	13.789	91.108
4	0.565	4.704	95.812			
5	0.277	2.311	98.123			
6	0.116	0.965	99.088			
7	0.073	0.606	99.694			
8	0.032	0.27	99.965			
9	0.004	0.035	100			

提取方法：主成分分析法

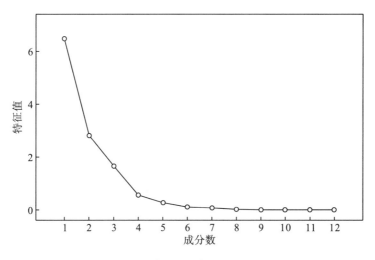

图 5-53　碎石图

　　由表 5-12 可以看出，第一主因子主要由坡位、海拔、坡度和坡向决定，它们在主因子上的载荷分别为 0.925、0.873、−0.913 和−0.918；第二主因子则主要由容重、土壤类型和母岩决定，它们在主因子上的载荷分别为−0.804、0.65 和−0.613，第三主因子由植被决定，其在主因子上的载荷为 0.905。

表 5-12　成分矩阵

指标	成分		
	F_1	F_2	F_3
x_1	0.628	0.65	0.339
x_2	−0.544	−0.613	0.273
x_3	0.111	0.364	0.905

指标	成分		
	F₁	F₂	F₃
x_4	0.925	0.115	0.315
x_5	0.873	0.265	-0.36
x_6	-0.913	0.34	-0.095
x_7	-0.918	0.316	-0.114
x_8	-0.733	-0.529	-0.089
x_9	0.734	0.353	-0.486
x_{10}	0.67	-0.595	0.114
x_{11}	0.514	-0.804	0.232
x_{12}	-0.82	0.43	0.29

提取方法：主成分分析法

　　因此坡位、海拔、坡度和坡向为第一主成分的主要指标信息，是后寨河流域土壤有机碳的主导影响因子，可解释为地形因子；容重、土壤类型、母岩和土壤厚度为第二主成分的主要指标信息，可解释为土壤发生相关因子；植被为第三主成分的主要指标信息，可解释为植被因子。

5.4.3　基于地理环境因子的喀斯特土壤异质性预测

　　以上分析表明，后寨河流域坡度、坡位、坡向、海拔、土壤厚度、人为干扰等因素与石漠化有着或多或少的联系。为更加明确各因子与石漠化之间的关系，以及根据地理环境因子、人为干扰等信息对类似喀斯特流域石漠化情况进行初步估算或对变化趋势进行预测，本研究引入了人工神经网络(artificial neural networks)进行分析(Fan et al.，2017)。近年来，人工神经网络的研究工作不断深入，在模式识别、智能机器人、自动控制、预测估计、生物、医学等领域已得到广泛应用，并表现出了良好的智能特性(Chu，2003；Aleboyeh et al.，2008)。

　　本研究选择土壤有机质、海拔、坡度、坡位、坡向及人为干扰作为环境因素(自变量)，以石漠化现状作为因变量，采用人工神经网络多层感应(multilayer perceptron)进行训练与预测。首先需对非数值型环境因子进行赋值，本研究主要涉及的非数值型因子包括坡位、坡向与人为干扰。坡位从下到上分为坡脚、坡下部、坡腰(坡中部)、坡上部和坡顶，分别赋值为1、2、3、4和5。坡向主要根据阳光照射情况分为阴坡(0°～45°与 315°～360°)、半阴破(225°～315°)、半阳坡(45°～135°)及阳坡(135°～225°)，分别赋值1、2、3和4。人为干扰则根据用地方式的不同分为五级：一级主要包括乔木林地、乔灌木林地、灌木林，人为干扰最小，赋值为 1；二级主要为荒地，赋值为 2；三级主要为弃耕地，偶有放牧现象，赋值为 3；四级主要为草地与灌草地，主要为放牧干扰，赋值为 4；五级为各种耕作用地，包括水田、旱地、园地、坡耕地、经果林地，人为干扰强度最大，赋值为 5。

　　因部分样点处于平地，无相关信息，有的无坡度信息，有的无岩石裸露率等，故本研究统计分析时仅选取包含所考虑因素的样点共 1133 个，以 60%数据组用于训练，40%的数据组用于预测。由于人工神经网络的运行分析效果存在一定的不稳定性，我们重复进行了 10 次分析，图 5-54 是其中一次分析的结果。基于对 1133 组数据的分析，表明基于环境因子的人工神经网络对石漠化预测是具有较好效果的，岩石裸露率实测值与预测值之间的 r^2 值在 0.728～0.905（0.792，0.728，0.895，0.905，0.892，0.901，0.887，0.818，0.789 和 0.904）之间，平均值为 0.851。

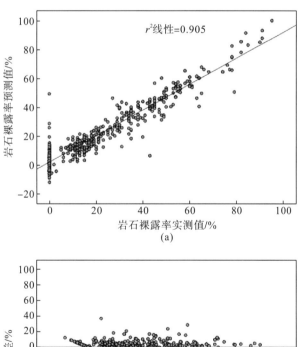

(a)

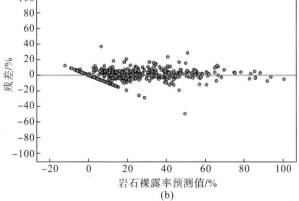

(b)

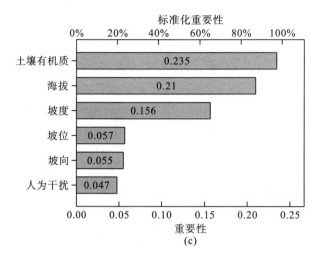

图 5-54   基于环境因子对喀斯特石漠化的预测分析结果

图 5-54 展示了所选择的土壤有机质、海拔、坡度、坡位、坡向及人为干扰作用等指标在后寨河流域喀斯特石漠化预测中的标准化重要性。从图中可以看出，土壤有机质、海拔、坡度、坡位、坡向及人为干扰的标准化重要系数分别为 0.235、0.21、0.156、0.057、0.055、0.047。综合分析，海拔与坡度是后寨河流域喀斯特石漠化的主要内在驱动力。虽然土壤有机质在该分析中标准化重要系数最大，但土壤有机质与石漠化程度之间的主动因素应是石漠化程度，非土壤有机质。

第6章 喀斯特小流域土壤质量特征

　　土壤是陆地生态系统的重要组成部分，也是陆生植物赖以生存的载体和环境因子，土壤为植物生长发育和繁殖提供了必要的营养条件和土壤介质(Puget et al, 2005)。土壤在生态系统中的这些功能决定于土壤的质量，它是陆地生态系统可持续发展的基础。植被的大量破坏导致喀斯特地区严重的水土流失，而水土流失和土壤侵蚀带走了大量的土壤养分，造成土壤质量的退化，土地生产力的下降。土壤有机质作为土壤肥力的重要标志，可直接影响植被生长与生物量的形成，同时也影响着土壤抗侵蚀的能力(张伟等，2013；曹建华等，2003)。因此退化土壤植被恢复过程中，土壤有机质含量的恢复是群落建造和可持续发展的基础，现已证实生态系统许多服务功能都与土壤有机质有关。

　　石漠化已经成为限制我国经济发展的一个因素，尤其在西南地区喀斯特地区石漠化问题体现得更为明显，为此，有效治理石漠化问题是快速提高西南地区经济发展的一个重要内容(冯腾等，2011)。植被恢复采用何种方式才能使石漠化土壤质量得到最大改善，影响退化土壤修复的因素有哪些，现有的土壤质量对植被恢复有何影响，这些问题都是喀斯特地区植被恢复的核心问题。为此，本章以喀斯特小流域剖面土壤为研究对象，对比研究流域土壤的主要物理性质、有机质含量特征及其对土壤质量的影响，以期为贵州乃至西南地区生态恢复和石漠化治理提供科学依据。

6.1 喀斯特小流域土壤物理性质

6.1.1 土壤容重

　　田间自然垒结状态下单位容积土体（含土粒和粒间孔隙)的质量或重量，称为容重(张固成等，2011)。它是土壤的重要物理性质之一，不仅直接影响到土壤孔隙度与孔隙大小、土壤的穿透阻力以及土壤水、肥、气、热的变化，还对土壤物理性质，如土壤通气、持水性质、坚实度等影响显著。土壤容重是反映土壤肥力水平、疏松程度的指标之一，也是影响植物根系生长的重要物理条件。

　　对 2755 个土壤剖面中的 23536 个土壤样品的土壤容重进行统计分析发现(表 6-1)，土壤容重平均为 $1.17 \sim 1.41$ g/cm^3，最大值是最小值的 1.21 倍，随着土层加深，土壤容重先增加后趋于稳定，$70 \sim 80$cm 的土壤容重最大，为 1.41g/cm^3，$0 \sim$

10cm 的土壤容重最小，为 1.17 g/ cm^3。

表 6-1　后寨河流域剖面中土壤容重分布特征

指标	0～10cm	10～20cm	20～30cm	30～40cm	40～50cm	50～60cm	60～70cm	70～80cm	80～90cm	90～100cm
平均值/(g/cm^3)	1.17	1.22	1.29	1.34	1.38	1.39	1.39	1.41	1.39	1.38
标准离差/(g/cm^3)	0.21	0.21	0.22	0.22	0.22	0.20	0.19	0.56	0.20	0.22
变异系数	17.95	17.21	17.05	16.42	15.94	14.39	13.67	39.72	14.39	15.94

6.1.2　土壤厚度特征

流域内地形地貌复杂多样，土壤种类较多，各种土壤交错分布。石灰土由碳酸盐岩发育而成，成土速率较慢，加之石质山区水土流失严重，峰丛上的土壤较浅薄，存在大量无土壤的石面或裸地，而洼地上的土壤相对较为深厚（奚小环等，2009）。石灰土由碳酸盐岩发育而成，成土速率较慢，加之石质山区水土流失严重，峰丛上的土壤很薄，存在大量无土壤的石面或裸地，而洼地土壤相对较深厚（郭建明，2011）。不同土属分区土壤厚度差异较大，黄泥田区土壤厚度大多超过 100cm，而黑色石灰土区则大部分为 20cm，部分区域仅几厘米。大泥田区和黄泥田区为水田，流域上游大泥田区土壤厚度较浅，下游较深，黄泥田区土壤厚度大多超过 100cm。黑色石灰土区和黄色石灰土区为自然土壤，分布在峰丛上，土壤厚度均较浅。

不同土壤类型下土壤深度统计特征见表 6-2，统计可知，不同土壤类型下土壤厚度存在不同差异，其中，黄泥田土壤平均厚度最大，为 86.98cm，白砂土的土壤厚度最小，为 36.21cm，各个土壤类型下土壤厚度大小顺序为：黄泥田＞黄泥土＞大泥田＞大土泥＞黑色石灰土＞小土泥＞白大土泥＞黄色石灰土＞白砂土。黄泥土区为旱地，由第四纪黄黏土发育而成的黄壤较为深厚，而极少部分由砂页岩发育而成的黄壤较为浅薄，将其划归黄泥土区，大土泥区、小土泥区、白大土泥区、白砂土区也均为旱地，深浅不一，白砂土区较浅。

表 6-2　不同土壤类型土壤厚度特征

土壤类型	最小值/cm	最大值/cm	平均值/cm	标准离差/cm	变异系数	偏度	峰度
黑色石灰土	5.00	100.00	61.73	32.83	53.18	-0.072	-1.58
黄色石灰土	7.00	100.00	37.47	25.55	68.19	0.90	-0.13
黄泥土	7.00	100.00	85.50	24.12	28.21	-1.74	1.92
黄泥田	19.00	100.00	86.98	22.58	25.96	-1.51	0.79
大泥田	13.00	100.00	80.13	27.99	34.93	-1.04	-0.44

土壤类型	最小值/cm	最大值/cm	平均值/cm	标准离差/cm	变异系数	偏度	峰度
大土泥	9.00	100.00	73.52	29.56	40.21	-0.57	-1.22
白大土泥	11.00	100.00	50.87	30.01	58.99	1.10	-0.98
小土泥	7.00	100.00	57.02	30.08	52.75	0.26	-1.34
白砂土	6.00	100.00	36.21	27.98	77.27	1.33	0.60

　　实际调查与 ArcGIS 软件相结合，对整个后寨河流域土壤厚度进行统计分析可知，流域内土壤厚度大于 100cm 的区域占流域总面积的 51.32%，土壤厚度为 0~80cm 的区域占总面积的 11.36%，土壤厚度为 0~60cm 的区域占总面积的 13.33%，土壤厚度为 0~40cm 的区域占总面积的 18.16%，土壤厚度为 0~20cm 的区域占总面积的 3.82%，小于 20cm 厚度的区域占总面积的 2.01%。用 ArcGIS 软件对 2755 个土壤剖面的样品的每层土层深度进行空间分布研究(图 6-1)，发现土壤厚度大于 100cm 的区域主要分布在中部和北部，土壤厚度小于 20cm 的区域主要分布在东部。

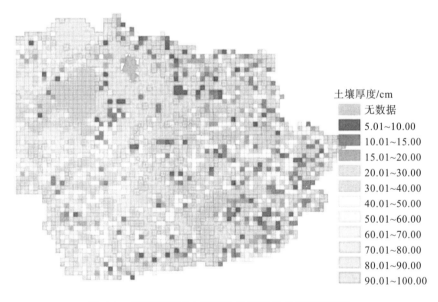

土壤厚度/cm
- 无数据
- 5.01~10.00
- 10.01~15.00
- 15.01~20.00
- 20.01~30.00
- 30.01~40.00
- 40.01~50.00
- 50.01~60.00
- 60.01~70.00
- 70.01~80.00
- 80.01~90.00
- 90.01~100.00

图 6-1　后寨河流域土壤层次的空间分布(后附彩图)

6.1.3　土壤石砾含量

　　喀斯特地区由于石漠化致使大量表土流失、岩石裸露、土被不连续、生境复杂化，石砾含量是土壤质量的一个重要特征指标，通过对研究区域所有样品的石砾含量进行统计分析发现(表 6-3)：石砾含量平均值为 0~20.15%，随着土层加深，石粒含量逐渐降低,最后降为零。土层深度为0～10cm的石砾含量最大,为20.15%;80～90cm 和 90～100cm 的石粒含量最小, 为零, 随着土层深度的增加石砾含量逐渐减小。从变异系数来看, 整个剖面的变异系数为 0～87.60, 为中等变异, 其中 50～60cm 的变异系数最大, 随着土层深度的增加, 变异系数先增加后减小。

表 6-3　不同土层深度下石砾含量特征

指标	0～10cm	10～20cm	20～30cm	30～40cm	40～50cm	50～60cm	60～70cm	70～80cm	80～90cm	90～100cm
平均值/%	20.15	15.46	13.81	11.85	8.87	6.29	5.55	2.27	0	0
标准离差/%	7.85	7.71	7.36	6.14	5.96	5.51	0.63	0.13	0	0
变异系数	38.96	49.87	53.29	51.81	67.19	87.60	11.35	5.73	0	0

　　除黄泥田和大泥田外, 其余 7 种土属同一层次的石砾含量差异较大, 且同一土属不同层次的石砾含量差异也较大(表 6-4)。在土壤表层 0～10cm 范围内, 石砾含量的关系为:黄色石灰土＞黑色石灰土＞白大土泥＞白砂土＞小土泥＞大土泥。黄色石灰土的石砾含量最大, 为 31.03%;黑色石灰土的石砾含量其次, 为 25.33%;大土泥的石砾含量最小, 为 2.34%。在 10cm 以下范围内, 石砾含量的关系为:白砂土＞黑色石灰土＞黄色石灰土＞白大土泥＞小土泥＞大土泥, 白砂土的石砾含量最大, 为 15.19%;黄色石灰土的石砾含量次之, 为 12.18%;大土泥的石砾含量最小, 为 1.56%。除白砂土外, 大土泥、黄色石灰土、大土泥、小土泥和白大土泥表层的石砾含量均大于深层的石砾含量, 大泥田和黄泥田几乎不含石砾, 石砾含量计为 0。

表 6-4　不同土壤类型土壤石砾含量(%)

土层深度	黄泥土	黑色石灰土	黄色石灰土	大土泥	小土泥	白大土泥	白砂土	大泥田	黄泥田
0～10cm	1.53	25.33	31.03	2.34	4.65	12.02	6.73	0	0
10cm 以下	0	12.22	12.18	1.56	3.28	4.59	15.19	0	0

6.2　喀斯特小流域土壤有机质特征

6.2.1　土壤有机质含量

　　有机质是土壤肥力的重要组成部分, 是影响土壤质量的主要因素, 它能够提供植物生长所需的各种营养物质与元素, 是土壤细菌、真菌的生命活动能源物质, 对土壤理化性质有着深刻的影响。为了更好地研究后寨河流域土壤质量特征, 我们对 2755 个剖面土壤样品进行分析,对研究区域所有采样点的土壤样品数据进行常规统计分析(表6-5)，得到后寨小流域土壤有机质含量的统计学特征。

表6-5　土壤有机质含量描述性统计特征

统计量	土层深度/cm													
	0～5	5～10	10～15	15～20	20～30	30～40	40～50	50～60	60～70	70～80	80～90	90～100	0～20	0～100
平均值 (g/kg)	51.13	44.43	38.38	32.48	25.17	18.90	15.45	13.05	11.72	10.64	9.72	9.05	43.22	35.70
最小值 (g/kg)	1.79	1.38	0.91	1.67	0.74	0.72	0.40	0.40	0.26	0.36	0.22	0.22	2.78	2.33
最大值 (g/kg)	220.98	221.95	169.33	145.06	132.83	139.94	106.99	97.63	90.04	88.79	51.17	53.84	205.35	205.35
中位数 (g/kg)	43.46	38.51	34.19	28.95	21.67	15.95	13.26	10.64	9.59	8.33	7.48	7.28	36.89	27.57
标准离差 (g/kg)	27.43	23.39	21.17	19.65	16.53	12.81	10.59	9.00	8.33	8.00	6.98	6.81	24.02	25.69
变异系数	53.63	52.68	55.16	60.50	65.68	67.78	68.55	68.94	71.05	75.28	71.79	75.23	55.56	71.96

中位数和平均值是表示样品中心趋向分布的测度，流域内 23536 个土壤样品的有机质平均含量为 28.27g/kg，变幅为 0.22～221.95g/kg，极差范围为 221.73g/kg，范围相差较大，最大值是最小值的 1008.86 倍。表层土壤(0～20cm)有机质平均含量为 43.22g/kg，最小值仅 2.78g/kg，而最大值是 205.35g/kg，相差范围为 202.57g/kg，具有高度变异性。剖面土壤有机质平均含量为 35.70g/kg，变幅为 2.33～205.35g/kg。分土层来看，0～5cm 土层土壤有机质平均含量最高，为 51.13g/kg，5～10cm 土层次之，为 44.43g/kg，随着土层加深，土壤有机质平均含量减小，90～100cm 土层达到最小，为 9.05g/kg。各土层平均值大于中位数，且两者的差值随土层加深而逐渐减小。标准离差和变异系数表示样本的变异程度。各土层土壤有机质含量变异性较大，变异系数变化范围为 52.68～75.28，在 10～100 之间，呈中等强度变异。

6.2.2　土壤有机质含量分级

根据全国第二次土壤普查应用的分级系统，将流域剖面土壤有机质平均含量划分为 6 级(表 6-6)。结果表明，后寨河流域剖面(0～100 cm)土壤有机质平均含量处于较高的水平，其中 82.18%的土壤样点属于前三个等级，33.21%的样点属于第一个等级。剖面土壤有机质平均含量在大于 40g/kg 的频率最高，样品数为 915 个以上，占后寨河流域的全部样品数的 33.21%；次高频率为 30～40g/kg 的含量值，样本数 654 个，占后寨河流域全部样品数的 23.74%；有机质含量大于 90g/kg 的较少，样本数为 39 个，占总样点的 1.3%。

表 6-6　剖面土壤有机质含量分级

划分等级	一	二	三	四	五	六
有机质含量分级标准/(g/kg)	>40	30~40	20~30	10~20	6~10	<6
频数/个	915	654	695	386	91	14
百分比/%	33.21	23.74	25.23	14.01	3.30	0.51
累积百分比/%	33.21	56.95	82.18	96.19	99.49	100

6.2.3　土壤有机质的肥力分级

土壤有机质作为土壤的重要组成部分(韩丹等，2012)，不仅是土壤肥力的主要指标，也是植物营养元素的源泉之一，且对土壤的物理、化学和生物学性质都有很大的影响(文启孝，1984；朱燕等，2006；孙花等，2011)。土壤有机质是土壤肥力分级的重要指标之一，根据《中国土壤普查技术》对土壤有机质含量进行分级研究(李福燕等，2009；曹人升等，2017)，如表 6-7 所示。

表 6-7　土壤有机质含量分级标准

级别	等级描述	有机质含量范围/(g/kg)
I	很丰富	> 40
II	丰富	30~40
III	适中	20~30
IV	较适中	10~20
V	缺乏	6~10
VI	急缺	< 6

可以看出，后寨河流域土壤肥力等级比较优良(图 6-2)。参照《中国土壤普查技术》，98%以上的土壤肥力皆在较适中以上，很丰富与丰富级别土壤分别占 43% 和 25%，适中级别土壤占 24%。

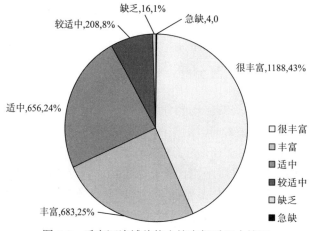

图 6-2　后寨河流域总体土壤有机质肥力情况

6.3 喀斯特小流域土壤质量评价及影响因素

6.3.1 各因子间相关性分析

影响土壤质量的因素众多，为深入分析坡度、海拔、土层厚度、石砾含量、容重、岩石裸露率、土壤有机质之间的相关关系，利用 SPSS 软件进行相关分析，如表 6-8 所示。结果表明：①表层有机质含量(0~20cm)与土壤厚度、剖面有机质(0~100cm)含量呈极显著正相关关系，相关系数 r 分别为 0.75 和 0.71；与石砾含量呈极显著负相关关系，相关系数 r 为-0.81；与岩石裸露率、坡度呈显著负相关关系，相关系数 r 分别为-0.64、-0.65；②剖面土壤有机质含量(0~100cm)与土壤厚度、土壤容重、表层有机质含量(0~20cm)均呈极显著正相关关系，相关系数 r 分别为 0.52、0.65 和 0.71；与岩石裸露率和石砾含量呈极显著负相关关系，相关系数 r 分别为-0.52 和-0.67；与其他因子的相关关系不显著。

表 6-8 土壤主要理化性质相关关系

指标	岩石裸露率	坡度	海拔	土壤厚度	土壤容重	石砾含量	表层有机质含量(0~20cm)	剖面有机质含量(0~100cm)
岩石裸露率	1							
坡度	0.62*	1						
海拔	0.53*	0.39	1					
土壤厚度	-0.71*	-0.74**	0.61	1				
土壤容重	-0.09	-0.35	0.41	0.20	1			
石砾含量	0.61*	0.81**	0.49	-0.73**	-0.17	1		
表层有机质含量(0~20cm)	-0.64*	-0.65*	0.30	0.75**	-0.46	-0.81**	1	
剖面有机质含量(0~100cm)	-0.52*	0.11	-0.13	0.52**	0.65**	-0.67*	0.71**	1

注：*表示显著水平为 0.05，**表示显著水平为 0.01

土壤作为植物生长的基质，其养分特征具有空间和时间上的异质性。土壤养分含量是地形、气候以及生物因素相互作用的结果。土壤物理性质是山地土壤质量的重要因子之一，通过分析各土壤物理性质的相关性可知：岩石裸露率与坡度、海拔、石砾含量呈显著正相关关系，相关系数分别为 0.62、0.53 和 0.61；与土壤厚度呈显著负相关关系，相关系数为-0.71；土壤厚度与石砾含量显著负相关，相关系数为-0.73；坡度的不同会引起气候特征、林分类型、土壤类型的改变，进而导致土壤理化性质的差异，坡度与土壤厚度呈极显著负相关，与石砾含量呈极显著正相关，相关系数分别为-0.74 和 0.81。

6.3.2 影响土壤质量的主导因子

影响土壤碳含量的因素众多，各因素之间又有一定的相关性。为了更好地区分各因素的主导地位，用降维的思想对其进行主成分分析。

将后寨河流域的所有原始数据标准化处理之后，选择 13 个土壤理化指标，采用主成分分析法对后寨河流域的土壤质量各因子进行分析。未提取公因子时指标的方差定义为初始值，提取公因子之后的指标的方差值定义为公因子方差，例如提取的公因子对变量岩石裸露率的方差作出 82.1% 的贡献。

从表 6-9 可以看出，各指标的公因子方差都很大，其中，土壤厚度公因子方差最大，为 0.969；植被类型的公因子方差最小，为 0.806。其他各指标的公因子方差由大到小依次为：土壤厚度＞剖面有机质含量＞表层有机质含量＞土壤容重＞海拔＞土地利用方式＞石砾含量＞坡度＞岩石裸露率＞土壤类型＞植被类型。说明这 11 项指标进行综合后，可保留较多信息，主成分分析的效果是显著的。

表 6-9　不同指标的共同度

植标	初始	提取
岩石裸露率	1.000	0.821
坡度	1.000	0.869
海拔	1.000	0.912
土壤厚度	1.000	0.969
土壤容重	1.000	0.926
石砾含量	1.000	0.885
土壤类型	1.000	0.811
植被类型	1.000	0.806
土地利用方式	1.000	0.895
表层有机质含量	1.000	0.932
剖面有机质含量	1.000	0.965

为研究后寨河流域土壤质量的主成分矩阵系数及方差贡献率(表 6-10)，参照特征值大于 1 的原则，总共提取了 3 个主要成分，他们的特征值分别为 6.02、4.31 和 2.16，每个主成分的方差贡献率分别是 48.21%、27.16% 和 17.32%，累计贡献率达 92.69%，能反映各种因子对土壤有机碳密度影响效应的大部分信息。不少研究表明，在主成分分析中，载荷系数大于 0.3 的因子就是显著因子(李桂林等，2007)。

由表 6-10 可以看出，第一主成分(PC1)的方差贡献率最大，为 48.21%，与大多数变量(岩石裸露率、坡度、石粒含量、土壤类型、土地利用方式)都显著相关，它们在主因子上的载荷分别为 0.82、0.93、0.91、0.35、0.49；第二成分贡献率小于第一成分，为 27.16%，主因子主要为土壤厚度、土壤容重、表层有机质含量，它们在主因子上的载荷分别为 0.81、0.83、0.73；第三主因子由植被类型、土地利用方式、剖面有质含量决定，其在主因子上的载荷分为 0.89、0.92、0.45，方差贡献率为 17.32%。

通过对各成分的因子进行排序，不少研究表明前三位的因子成为主导因子。岩石裸露率、石砾含量、坡度为第一主成分的主要指标信息，是后寨河流域土壤质量的主导影响因子，可解释为地形因子；容重、土壤厚度、表层有机质含量为第二主成分的主要指标信息，可解释为土壤发生相关因子；土地利用方式、植被为第三主成分的主要指标信息，可解释为生物因子。

表 6-10　土壤有质量影响因子的特征系数及方差贡献率

影响因子	第一主成分	第二主成分	第三主成分
岩石裸露率	0.82	0.29	0.16
坡度	0.93	0.28	0.42
海拔	0.23	0.21	-0.29
土壤厚度	0.22	0.81	-0.10
土壤容重	-0.64	0.83	-0.12
石砾含量	0.91	-0.52	-0.21
土壤类型	0.35	0.73	-0.48
植被类型	0.27	-0.59	0.89
土地利用方式	0.49	0.18	0.92
表层有机质含量	-0.22	0.73	0.21
剖面有机质含量	0.25	0.23	0.45
特征值	6.02	4.31	2.16
方差贡献率/%	48.21	27.16	17.32
累计贡献率/%	48.21	75.37	92.69

6.3.3　土壤质量评价

为了进一步地评价后寨河流域土壤质量状况，根据陈吉(2012)研究论文中综合主成分函数模型 $F = \sum_{j=1}^{m} b_j z_j$ （b 为贡献率；m 为主成分个数；Z 为主分量），将研究区域中采样的指标代入函数模型计算出综合主成分值，并进行排序。

为了更加直观地评价后寨河流域土壤质量状况，参照骆东奇等(2002)研究论文中土壤质量区分等级的方法，以土壤质量综合指数为依据，采用等间距分级法将研究区域土壤质量指数分为 5 个等级(表 6-11)，即五级地(低)、四级地(较低)、三级地(中)、二级地(较高)、一级地(高)，各分级标准具体情况如表 6-11 所示。

表 6-11　后寨河流域土壤质量分级标准

土壤质量分级	土壤质量综合指数
一级地(高)	0.8~1.0
二级地(较高)	0.6~0.8
三级地(中)	0.4~0.6
四级地(较低)	0.2~0.4
五级地(低)	0~0.2

把各个采样点土壤经过标准化的各指标数据代入以上函数，可以计算出各采样点综合主成分上的得分。根据此函数计算出采样点土壤质量综合得分值，进行面积统计和排序，结果如表 6-12 所示。其中以二级地、三级地和四级地为主，合计土壤面积为 60.84km^2，占流域总面积的 82.03%。表明后寨河流域土壤质量总体处于中下水平。

表 6-12　后寨河流域不同等级土壤质量的面积统计

地类	面积/km^2	比例/%
一级地(高)	0.06	0.08
二级地(较高)	4.78	6.44
三级地(中)	22.61	30.48
四级地(较低)	33.45	45.1
五级地(低)	13.28	17.9
合计	74.18	100

第7章 喀斯特小流域植被恢复潜力

7.1 喀斯特小流域小生境分布特征

后寨河流域土地小生境主要有土面、石土面、石沟、石槽、石窝与石缸(图7-1)。总体上，土面占绝对优势，其次是石土面、石槽与石沟。基于出现样点数，土面、石土面、石沟与石槽在后寨河流域分布的概率分别为 83.12%、2.76%、1.96%和12.09%。石土面主要分布在流域东部区域，而石槽与石沟主要分布在流域西南区域。石窝与石缸分布极少。总体上，小生境的多样性，主要源于喀斯特地形地貌所致。平原、丘陵区域主要是土面，峰丛洼地区域以土面与石土面为主，其余小生境主要分布在峰丛与山脉之上。土壤厚度方面，总体上呈现：土面＞石槽＞石沟＞石土面；离散程度上：石槽＞石沟＞土面＞石土面。即石槽与石沟土壤厚度差异较大，土面与石土面土壤厚度相对一致，但土面的土壤厚度明显地大于石土面。石窝与石缸皆只在一个样点出现，其土壤厚度分别为 30 cm 与 65 cm。

(a)小生境空间特征(后附彩图)

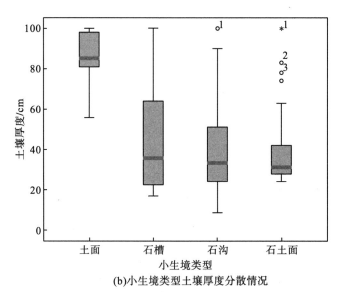

(b)小生境类型土壤厚度分散情况

图 7-1 后寨河流域小生境空间特征与各小生境类型土壤厚度分散情况

7.2 不同植被类型下群落多样性

7.2.1 物种丰富度和生活型组成

近年来，后寨流域采取了各种措施对整个流域进行植被恢复，使流域出现各类型的群落演替——从弃耕地、草丛、灌草丛、灌木林过渡到乔木林和人工植被的经果林，构成了比较具有代表性的演替系列。本研究在后寨河流域及其周围选择具有代表性的 6 种植被类型下的植物群落进行调查研究。

研究区域植物物种组成和生活型组成见表 7-1，本次调查研究共记录到植物有97 科 230 属，382 个种。其中，蕨类植物含有 18 科，26 个属，38 种；种子植物78 科，204 个属，334 个种，在种子植物中，双子叶植物 288 种，隶属 72 科 176属，单子叶植物 56 种，隶属 7 科 28 属。物种数最多的前 3 个科，分别为蔷薇科（40 种）、菊科 (38 种) 和禾本科 (20 种)。从生活类型来看，后寨河流域含有乔木、灌木、草本、藤本 4 种典型的生活型物种，其物种数依次为 56、114、166 和 44，分别占总物种数的 14.66%、29.84%、43.46%和 11.52%。

表 7-1 贵州普定喀斯特地区调查样地的植物物种组成和生活型组成

类群	物种组成			生活类型			
	科	属	种	乔木	灌木	草本	藤本
蕨类植物	18	26	38	——	——	33	——
双子叶植物	72	176	288	56	106	96	38

类群	物种组成			生活类型			
	科	属	种	乔木	灌木	草本	藤本
单子叶植物	7	28	56	—	8	43	6
总计	97	230	382	56	114	166	44

7.2.2　群落组成变化

植被恢复是喀斯特地区脆弱生态功能改善与恢复的最终目标，而植被恢复与重建是解决喀斯特地区水土流失与土壤质量退化的主要途径。后寨河流域植被恢复到灌草阶段，生活类的植物则以草本植物为主，含有少量稀疏的灌木，而且大多为阳性草本植物，总体上来物种类型相对较少；等到恢复到灌草阶段时，草本和灌木的植物类型都有大幅度提升，相比而言耐阴性植物类型也有所增加，最终在此阶段的植物郁闭度显著提升，乔木树种明显增加；后寨河流域最终发展到乔木阶段时，则以乔木树种为主要类型，阳性树种基本上占据优势地位。

后寨河流域森林植被在自我恢复过程中，各种植物类型呈现交替变化，先锋种到过渡种的植被类别差别较大，等到恢复到顶级种时物种类型显著增加，后寨河流域的每个物种数目的变化和分别类型见表 7-2。

表 7-2　喀斯特森林各种组主要树种名录

类型	树种
先锋种	悬钩子 Rubus corchorifolius、马桑 Coriaria nepalensis、多花木兰 Indigofera amblyantha、野桐 Mallotus japonicus、金樱子 Rosa laevigata、全缘火棘 Pyracantha atalantioides、盐肤木 Rhus chinensis、小果蔷薇 Rosa cymosa、木姜子 Litsea pungens、构树 Broussonetia papyrifera、金丝桃 Hypericum monogynum、羊蹄甲 Bauhinia purpurea
过渡种	南天竹 Nandina domestica、紫珠 Callicarpa bodinieri、香叶树 Lindera communis、小叶女贞 Ligustrum quihoui、枫香 Liquidambar formosana、石岩枫 Mallotus repandus、黔竹 Dendrocalamus tsiangii、齿叶黄皮 Clausena dunniana、香港四照花 Dendrobenthamia hongkongensis、南酸枣 Choerospondias axillaris、光叶海桐 Pittosporum glabratum、粗糠柴 Mallotus philippensis、黄杞 Engelhardtia roxburghiana、翅荚香槐 Cladrastis platycarpa、柿 Diospyros kaki
顶极种	窄叶青冈 Cyclobalanopsis augustinii、朴树 Celtis sinensis、园果化香 Platycarya strobilacea、贵州鹅耳枥 Carpinus kweichowensis、青冈栎 Cyclobalanopsis glauca、青皮木 Schoepfia fragrans、多脉青冈 Cyclobalanopsis multinervis、樟叶槭 Acer cinnamomifolium、光叶榉 Zelkova serrata、大果冬青 Ilex macrocarpa、香叶树 Lindera communis

7.2.3　主要代表性物种组成

在不同阶段的植被恢复过程中发生了不同程度的物种替代。表 7-3 列出了不同植被类型下主要物种组成。

表 7-3　不同植被类型下物种组成

植被类型	主要物种物种组成
乔木林	羊蹄甲 *Bauhinia purpurea*、全缘火棘 *Pyracantha atalantioides*、圆果化香树 *Platycarya longipes*、窄叶石栎 *Lithocarpus confinis*、滇鼠刺 *Itea yunnanensis*、安顺润楠 *Machilus cavaleriei*、槲栎 *Quercus aliena*、短萼海桐 *Pittosporum brevicalyx*、黑弹树 *Celtis bungeana*、朴树 *Celtis sinensis*、刺楸 *Kalopanax septemlobus*、多脉猫乳 *Rhamnella martinii*、云贵鹅耳枥 *Carpinus pubescens*、麻栎 *Quercus acutissima*、川钓樟 *Lindera hemsleyana*、李 *Prunus salicina*、盐肤木 *Rhus chinensis*、构树 *Broussonetia papyrifera*、香椿 *Toona sinensis*
灌木林	野桐 *Mallotus japonicus*、小果蔷薇 *Rosa cymosa*、金樱子 *Rosa laevigata*、多花木兰 *Indigofera amblyantha*、马桑 *Coriaria nepalensis*、异叶鼠李 *Rhamnus heterophylla*、倒卵叶旌节花 *Stachyurus obovatus*、刺异叶花椒 *Zanthoxylum ovalifolium*、薄叶鼠李 *Rhamnus leptophylla*、小叶菝葜 *Smilax microphylla*、贵州花椒 *Zanthoxylum esquirolii*、瑞香 *Daphne odora*、珊瑚冬青 *Ilex corallina*、香叶树 *Lindera communis*、铁仔 *Myrsine africana*、黑果菝葜 *Smilax glaucochina*、杭子梢 *Campylotropis macrocarpa*、针齿铁仔 *Myrsine semiserrata*、雀梅藤 *Sageretia thea*、川榛 *Corylus heterophylla*、瘤枝密花树 *Myrsine verruculosa*、火棘 *Pyracantha fortuneana*、野拔子 *Elsholtzia rugulosa*、竹叶花椒 *Zanthoxylum armatum*、六月雪 *Serissa japonica*、多叶勾儿茶 *Berchemia polyphylla*、马棘 *Indigofera pseudotinctoria*、珍珠荚蒾 *Viburnum foetidum*、香薷 *Elsholtzia ciliata*、中华绣线菊 *Spiraea chinensis*、黄脉莓 *Rubus xanthoneurus*、金丝桃 *Hypericum patulum*、马桑 *Coriaria nepalensis*、红叶木姜子 *Litsea rubescens*、来江藤 *Brandisia hancei*、软条七蔷薇 *Rosa henryi*、匍匐栒子 *Cotoneaster adpressus*、悬钩子蔷薇 *Rosa rubus*
草地	大披针薹草 *Carex lanceolata*、千里光 *Senecio scandens*、求米草 *Oplismenus undulatifolius*、阔叶山麦冬 *Liriope platyphylla*、石韦 *Pyrrosia lingua*、十字薹草 *Carex cruciata*、野雉尾金粉蕨 *Onychium japonicum*、三脉紫菀 *Aster ageratoides*、对马耳蕨 *Polystichum tsus-simense*、三枝九叶草 *Epimedium sagittatum*、茜草 *Rubia cordifolia*、凤尾蕨 *Pteris cretica* var. *intermedia*、分枝大油芒 *Spodiopogon ramosus*、东亚唐松草 *Thalictrum minus*、画笔南星 *Arisaema penicillatum*、抱石莲 *Lepidogrammitis drymoglossoides*、五节芒 *Miscanthus floridulus*、波缘冷水花 *Pilea cavaleriei*、降龙草 *Hemiboea subcapitata*、舌叶薹草 *Carex ligulata*、黄背草 *Themeda japonica*、矛叶荩草 *Arthraxon lanceolatus*、硬秆子草 *Capillipedium assimile*、臭根子草 *Bothriochloa bladhii*、大丁草 *Gerbera anandria*、牡蒿 *Artemisia japonica*、堇菜 *Viola verecunda*、蒲公英 *Taraxacum mongolicum*、黄茅 *Heteropogon contortus*、细柄草 *Capillipedium parviflorum*
灌草丛	桔草 *Cymbopogon gesoringii*、竹叶草 *Aneilema malabaricum*、龙须草 *Juncus effusus*、扭黄茅 *Heteropogon contortus*、狗尾草 *Setaria viridis*、假俭草 *Eremochloa ophiuroides*、黄背茅、细柄草 *Capillipedium parviflorum*、两头毛 *Incarvillea arguta*、姜味草 *Micromeria biflora*、寸金草 *Clinopodium megalanthum*、五节芒 *Miscanthus floridulus*、　狗脊蕨 *Woodwardia japonica*、白茅 *Imperata cylindrica*、薹草 *Carex bristachya*、细梗胡枝子 *Lespedeza virgata*、悬钩子 *Rubus corchorifolius*、火棘 *Pyracantha fortuneana*、木蓝 *Indigofera tinctoria* Linn、石生鼠李 *Rhamnus calcicolu*、盐肤木 *Rhus chinensis* Mill、光皮桦 *Betula luminifera*、杜鹃 *Rhododendron simsii*、柔枝槐 *Sophora tonkinensis*、地瓜藤 *Ficus tikoua*、栒子 *cotoneaster hjelmqvistii*、向日葵 *Helianthus annuus*、红薯 *Ipomoea batatas*、香花崖豆藤 *Millettia dielsiana*、青蛇藤 *Periploca calophylla*、异叶爬山虎 *Parthenocissus heterophylla*、藤黄檀 *Dalbergia hancei*、紫花络石 *Trachelospermum axillare*、柱果铁线莲 *Clematis uncinata*、地果 *Ficus tikoua*
弃耕地	水稻 *Oryzasativa Oryzaglaberrima*、玉米 *Zea mays*、大豆 *Glycine max*、向日葵 *Helianthus annuus*、红薯 *Ipomoea batatas*、香花崖豆藤 *Millettia dielsiana*、青蛇藤 *Periploca calophylla*、异叶爬山虎 *Parthenocissus heterophylla*、藤黄檀 *Dalbergia hancei*、紫花络石 *Trachelospermum axillare*、柱果铁线莲 *Clematis uncinata*、地果 *Ficus tikoua*
经果林	柏树 *Cupressus funebirs*、杉木 *Cunninghamia lanceolata*、樱桃 *Cerasus pseudocerasus*、冰脆李 *Prunus* spp.、杜仲林 *Eucommia ulmoides*、核桃林) *Juglans regia*、梨树林 *Pyrus* spp.、翅荚香槐林 *Cladrastis platycarpa*、杨树林 *Populus* spp.、银杏林 *Ginkgo biloba*、楸树林 *Catalpa bungei*、柑橘林 *Citrus reticulata*、猴樟林 *Cinnamomum bodinieri*、柏木 *Cupressus funebris*、响叶杨 *Populus Adenopoda*、香椿 *Toona sinensis*、砂梨 *Pyrus pyrifolia*

7.2.4　群落多样性指数

喀斯特森林植被的恢复是由低级阶段向高级阶段演替的发展过程，而森林中的群落则是朝着结构更复杂、更完善的方向发展，群落的物种多样性增加，群落种群密度降低，群落分化程度更加剧烈，物种数类型也显著增加。最终通过多样性指数变化来反应后寨河流域植被恢复的结构与功能的改变。从表 7-4 可知，物种丰富度指数、Simpson 指数表现为：乔木林＞灌木林＞灌草丛＞经果林＞草地＞弃耕地；群落均匀度与 Shannon-wiener 指数都表现为：乔木林＞灌木林＞灌草丛＞草地＞经果林＞弃耕地。

总体来看，后寨河流域从弃耕地到乔木林发展的过程中，整个群落的物种组成增多、群落多样性指数与均匀度指数都大幅度上升，表明植被恢复对后寨河流域的生态环境显著提升，后寨河流域的各个植被类型的物种多样性指数的所有指标见表 7-4。

表 7-4　不同植被类型下植物多样性指数

植被类型	物种丰富度指数	Simpson 指数	Shannon-wiener 指数	群落均匀度
乔木林	69	2.71	10.93	6.64
灌木林	43	1.92	7.28	5.27
草地	23	0.92	3.82	1.11
灌草丛	31	1.63	5.16	3.67
弃耕地	14	0.81	2.83	0.74
经果林	25	1.03	3.06	0.93

7.3　喀斯特小流域植被恢复潜力评价体系

7.3.1　评价体系建立的原则

特定的植被或土地利用方式，对植被恢复潜力评价有着不同的效果，选择其中最主要的几项作为植被恢复潜力评价的项目，称为评价因子。依据评价指标选取的基本原则(选择的指标数量要合适、选择的指标考虑要周全) 筛选各评价集的相关指标，同时应避免指标的重复性，降低评价结果的受干扰程度，主要遵循的原则有：评价指标要有代表性、明确性；评价指标要有可定量、可操作性；评价指标要适量、统一。

7.3.2　构建植被恢复潜力评价体系

1. 评价单元确定

开展植被恢复质量的评价时，首先要做的是选择合理的评价指标。由于植被恢复是一项综合性的工程，涉及植被的立地条件、土壤理化性质、植物群落等要素。采取将目标逐步分解的方法对各级评价指标进行处理，评价目标前一定要细化，然后层层叠加达到准确层，最后再进一步细化并归纳为指标层，由此形成指标层的多个指标。接下来可以再次咨询相关专家的意见，从整体上调整指标层的各项指标。在此基础上，参照相关研究内容，从中选取多个备选指标，在综合考虑实际情况与各项咨询结果的基础上决定。

因子筛选与权重确定是评价过程中的关键，尤其是土壤因素的选择更是重中之重。本次评价应用植物学、生态学、土壤学知识，并咨询喀斯特领域的有关专家，根据全国共享的土壤质量、植被评价指标体系，针对后寨河流域的资源特点，采用特尔斐法选取了植被盖度、多样性指数、物种丰富度、均匀度指数、灌草植物比例、植物抗逆性、土壤容重、土壤含水量、石砾含量、土壤厚度、有机质、成土母质、坡度、海拔、岩石裸露率共 15 个评价因子，上述所选的评价因子对植被恢复的最终目标影响较大，同时这些因子很稳定且相互之间能够联系起来综合地应用以达到恢复的最终目标，由此选择其为植被恢复潜力评价体系的评价因子，建立评价因子指标体系。

2. 评价指标体系的结构

本研究将从评价目标、评价指标选择等多方面考虑，通过收集国内外相关资料，结合喀斯特植被恢复实际情况，对植被恢复质量的评价指标体系进行重新划分及归类处理和优化，最后确定了 15 个评价指标，利用上述评价因子，依据实际情况进行排序，最终从三个层次进行评价，以目标层(植被恢复潜力)为基准，群落质量、土壤质量、立地条件为准则层，其他评价因子为指标层，具体的指标体系指标和相应的特点见表 7-5 所示。

表 7-5　后寨河流域植被恢复潜力评价指标体系

目标层	准则层	指标层	指标特征	指标类型
植被恢复潜力 A	群落质量 B_1	植被盖度 C_1	反映植被覆盖程度	定量
		多样性指数 C_2	反映物种在群落中的分布状况	定量
		物种丰富度 C_3	不同群落的物种数目多少	定量
		均匀度指数 C_4	反映群落中植物种的个体均匀程度	定量
		灌草植物比例 C_5	反映坡面多年生植物种的比例	定量
		植物抗逆性 C_6	反映植物抗干旱、抗病虫的能力	定性

续表

目标层	准则层	指标层	指标特征	指标类型
		土壤容重 C_7	反映土壤紧实程度	定量
		土壤含水量 C_8	反映土壤蓄水供水能力	定量
	土壤质量 B_2	石砾含量 C_9	反映土壤颗粒组成中大于 2mm 的石砾百分比	定量
		土壤厚度 C_{10}	反映土壤蓄积养分的深浅	定量
		有机质含量 C_{11}	反映土壤养分含量高低的能力	定量
		成土母质 C_{12}	反映土壤养分形成的物质基础	定性
	立地条件 B_3	坡度 C_{13}	反映坡面土壤抗侵蚀的能力	定量
		海拔 C_{14}	反映土壤养分矿化与温度的关系	定量
		岩石裸露率 C_{15}	反映岩石裸露在土壤所占比例	定量

7.3.3　构造评价指标的判断矩阵

构造判断矩阵是层次分析法的关键步骤。将评价的因子进行比较，形成判断矩阵，这些评价因子间，微重要时是 3，明显重要时是 5，强烈重要时是 7，极端重要时是 9。反之，$b_{ij}=1/b$，b_{ij} 分别为 1/3、1/5、1/7、1/9。经多次征求意见形成如表 7-6～表 7-10 所示判断矩阵。

表 7-6　判断矩阵标度的含义

标度	含义
1	表示两个因素相比，具有同样重要性
3	表示两个因素相比，一个因素比另一个因素稍微重要
5	表示两个因素相比，一个因素比另一个因素明显重要
7	表示两个因素相比，一个因素比另一个因素强烈重要
9	表示两个因素相比，一个因素比另一个因素极端重要
2，4，6，8	上述两相邻判断的中值
倒数	因素 i 与 j 比较的判断 b_{ij}，则因素 j 与 i 比较的判断 $b_{ji}=1/b_{ij}$

表 7-7　判断矩阵 1（A-B）

A	B_1	B_2	B_3
B_1	1.0000	0.5545	0.3333
B_2	2.0000	1.0000	0.4000
B_3	3.0000	1.0000	1.0000

表 7-8　判断矩阵 2（B_1-C）

B_1	C_1	C_2	C_3	C_4	C_5	C_6
C_1	1.0000	2.0000	3.0000	2.0000	3.0000	3.0000
C_2	0.5545	1.0000	2.0000	3.0000	0.3333	2.0000

续表

B_1	C_1	C_2	C_3	C_4	C_5	C_6
C_3	0.3333	0.5545	1.0000	2.0000	0.5545	0.5545
C_4	0.3333	0.3333	0.5545	1.0000	0.3333	0.5545
C_5	0.5545	3.0000	2.0000	0.5545	1.0000	0.210
C_6	0.3333	0.5545	2.0000	1.0000	2.0000	1.0000

表 7-9　判断矩阵 3（B_2-C）

B_2	C_7	C_8	C_9	C_{10}	C_{11}
C_7	1.0000	0.2500	0.2000	0.1449	0.1333
C_8	4.0000	1.0000	0.8333	0.5263	0.3571
C_9	5.0000	1.2000	1.0000	0.6250	0.4000
C_{10}	6.9000	1.9000	1.6000	1.0000	0.5000
C_{11}	7.5000	2.8000	2.5000	2.0000	1.0000

表 7-10　判断矩阵 4（B_3-C）

B_3	C_{12}	C_{13}	C_{14}	C_{15}
C_{12}	1.0000	0.5556	0.3571	0.2632
C_{13}	1.8000	1.0000	0.5556	0.3125
C_{14}	2.8000	1.8000	1.0000	0.4545
C_{15}	3.8000	3.2000	2.2000	1.0000

7.4　喀斯特小流域植被恢复潜力评价

7.4.1　植被恢复潜力的评价指标属性

利用"层次分析法模型"来计算后寨河流域的准则层的评价因子的权重值。将 2755 个土壤剖面的数据输入判断矩阵的模型公式，再通过计算机自动筛选出最大值最小值，然后依次计算，最后参照对应的模型来检验，并对结果进行层次总排序及最终的检查。后寨河流域的评价因子的指标权重值计算结果如表7-11所示。

表 7-11　各个因素的组合权重计算结果

目标层	准则层	权重	指标层	权值	总排序	序值
			植被盖度 C_1	0.239	0.128	1
			多样性指数 C_2	0.166	0.046	9
植被恢复潜力 A	群落质量 B_1	0.392	物种丰富度 C_3	0.234	0.086	3
			均匀度指数 C_4	0.103	0.037	12

续表

目标层	准则层	权重	指标层	权值	总排序	序值
			灌草植物比例 C_5	0.195	0.067	6
			植物抗逆性 C_6	0.063	0.028	14
	土壤质量 B_2	0.463	土壤容重 C_7	0.057	0.054	11
			土壤含水量 C_8	0.194	0.083	7
			石砾含量 C_9	0.086	0.061	10
			土壤厚度 C_{10}	0.281	0.123	4
			有机质含量 C_{11}	0.382	0.142	2
	立地条件 B_3	0.145	成土母质 C_{12}	0.116	0.012	15
			坡度 C_{13}	0.316	0.061	8
			海拔 C_{14}	0.166	0.031	13
			岩石裸露率 C_{15}	0.402	0.085	5

7.4.2　模糊综合评价模型的建立

在评价指标体系构建的基础上，结合植被恢复的特征，将评价指标划分为优、良、中、较差、差 5 个等级，各定量指标的分级量化标准见表 7-12。

表 7-12　后寨河流域植被恢复潜力单因子评价分级

评价因子	指标分级				
	优(10 分)	良(8 分)	中(6 分)	较差(4 分)	差(2 分)
植被盖度	90~100	80~90	70~80	50~70	≤50
多样性指数	2.4~3.0	1.8~2.4	1.2~1.8	0.6~1.2	≤0.6
物种丰富度	70~56	56~42	42~28	28~14	≤14
均匀度指数	0.8~1.0	0.6~0.8	0.4~0.6	0.2~0.4	≤0.2
灌草植物比例	0.8~1.0	0.6~0.8	0.4~0.6	0.2~0.4	≤0.2
植物抗逆性	极强	强	一般	差	极差
土壤容重/(g/cm³)	<1.2	1.2~1.4	1.0~16	1.6~1.8	>1.8
土壤含水量/%	>40	35~40	30~35	25~30	≤25
石砾含量/%	<10	10~20	20~30	30~40	>40
土壤厚度/cm	90~100	80~90	70~80	50~70	≤50
有机质含量/(g/kg)	>40	30~40	20~20	10~20	≤10
坡度/(°)	<8	8~15	15~25	25~35	>35
海拔/m	<1300	1300~1400	1400~1500	1500~1600	>1600
岩石裸露率/%	<10	<30	30~50	50~70	70~90

7.4.3　植被恢复潜力模糊综合评价

利用累加模型计算植被恢复潜力综合指数（IFI），即对于每个评价单元的植被恢复潜力综合指数，其计算方式为

$$\text{IFI} = \sum F_i \times C_i \ (i = 1, 2, 3, \cdots, n)$$

式中，　IFI——植被恢复潜力综合指数；

　　　　F_i——第 i 个评价指标隶属度；

　　　　C_i——第 i 个评价因子的组合权重。

将参评因子的隶属度值进行加权组合得到每个评价单元的综合评价分值，以其大小表示恢复潜力。

开展后寨河流域坡植被恢复质量评价，需要根据实地调研数据及室内试验分析数据的结果，结合模糊性数学的方法估算所有评价指标，并让若干专家学者对所有指标进行评价。结合专家打分标准，最终分为 5 个等级，按 10 分制进行评价，综合指数分级标准如表 7-13 所示。

表 7-13　综合指数分级标准

评价标准	优	良	中	较差	差
综合综合恢复潜力指数	8～10	6～8	4～6	2～4	<2
恢复潜力	五级(强)	四级(较强)	三级(中)	二级(弱)	一级(很弱)

将不同样地的各项评价指标代入恢复潜力评价模型，计算出综合恢复指数，从表 7-14 模糊综合评价结果可看出，乔木林的植被恢复潜力指数最大，恢复潜力为四级，灌木林和灌草丛的恢复潜力为三级，草地和经果林的恢复潜力为二级，弃耕地的恢复潜力最差。

表 7-14　后寨河流域不同植被类型的综合指数

植被类型	综合综合恢复潜力指数	恢复潜力
乔木林	6.34	四级(强)
灌木林	5.32	三级(中)
草地	3.57	二级(弱)
灌草丛	4.86	三级(中)
弃耕地	1.73	一级(很弱)
经果林	2.93	二级(弱)

7.5　喀斯特小流域林地恢复的主要备选植物

7.5.1　主要乔木分布特征及其在林地恢复中的可行性

1. 梨

梨(*Pyrus pyrifolia*)：蔷薇科，梨属树种，乔木，不仅味美汁多，甜中带酸，而且营养丰富，含有多种维生素和纤维素，后寨河流域梨树是分布最广的乔木树种，出现频次达 148。从图 7-2 可以看出，几乎整个后寨河流域都有梨的分布，包括平地、丘陵。当然，部分样点梨树是人工种植培育的，但可以说明后寨河流域大气候比较适合梨树的种植与培育。

后寨河流域梨树生长的土属包括黑色石灰土、黄色石灰土、黄泥土、小土泥、大土泥、白砂土，大泥田和白大土泥尚无分布；小生境涉及土面、石土面、石沟与石槽；所有坡位皆有分布(平地、盆地、坡脚、坡下部、坡腰、坡上部、坡顶及鞍部等)；所有坡向也皆有分布；分布坡度范围为 0°~54°；海拔范围为 854.1~1482.5m；土壤岩性包括白云岩、石灰岩、砂页岩、泥灰岩及第四纪黄黏土(几乎是后寨河流域的所有岩性)。综合分析，后寨河流域林地恢复中，梨树当属优先乔木树种。但梨树在该流域已经分布较广，从物种多样性、景观多样性及生态系统稳定性的角度出发，当尽量避免单一物种的过度分布。

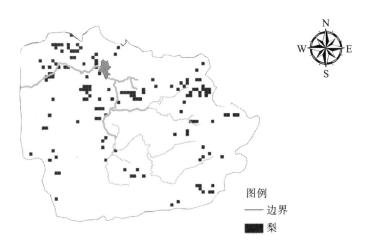

图 7-2　后寨河流域梨分布图

2. 花椒

花椒(*Zanthoxylum bungeanum* Maxim.)：芸香科、花椒属落叶小乔木，其果

皮可作为调味料，提取芳香油，花椒在后寨河流域的分布也较为广泛，出现频次达 91。由图 7-3 可以看出，花椒在后寨河流域的分布主要集中在东部、东南与西南。主要分布于当地居民集中分布区周围，是居民栽培用于菜肴的辅料。从生长环境看，分布的土属包括小土泥、黑色石灰土、黄色石灰土、大土泥及白砂土；小生境涉及土面、石土面、石沟与石槽；所有坡位皆有分布；所有坡向也皆有分布；分布坡度范围为 0°～78°；海拔范围为 854.1～1482.5m；土壤岩性包括白云岩、石灰岩、砂页岩、泥灰岩及第四纪黄黏土。可以看出，后寨河流域很适合种植花椒，由于花椒耐旱、喜阳光，是后寨河流域林地恢复中极佳的树种选择。

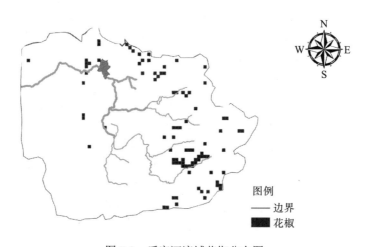

图 7-3　后寨河流域花椒分布图

3. 香椿

香椿(*Toona sinensis* (A. Juss.) Roem.)：又名香椿芽、香桩头、椿天等，已广泛被人们所接受、喜爱，被摆上了大江南北的餐桌之上。如图 7-4 所示，香椿在后寨河流域分布也较为广泛，但主要在峰丛洼地区域(即多山地区)分布，原因是香椿在该流域主要以食用为主，故其分布与花椒类似，围绕在居民居住区周围。香椿分布的土属包括黑色石灰土、小土泥、黄泥土、白砂土、大土泥、白大土泥及黄色石灰土，即除了田地外，基本上都有香椿的分布；小生境涉及土面、石土面与石槽；所有坡位皆有分布；所有坡向也皆有分布；分布坡度范围为 0°～60°；海拔范围为 1254.0～1464.2m；土壤岩性包括白云岩、石灰岩、砂页岩、泥灰岩及第四纪黄黏土。由于香椿喜光，较耐湿，适宜生长于河边、宅院周围肥沃湿润的土壤中，受海拔与土壤水分的限制，在流域林地恢复中选择该树种时应当慎重。

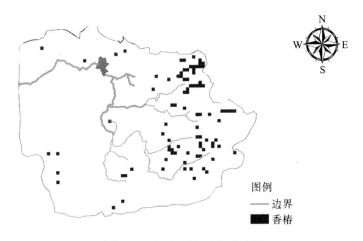

图 7-4　后寨河流域香椿分布图

4. 侧柏

侧柏(*Platycladus orientalis* (L.) Franco)：柏科，侧柏属常绿乔木，小苗可做绿篱，隔离带围墙点缀。如图 7-5 所示，侧柏在后寨河流域分布也较广泛，在北方有集中分布区。侧柏生长土属包括黑色石灰土、小土泥、黄泥土、白砂土、大土泥、白大土泥及黄色石灰土，即除了田地外，基本上都有侧柏的分布；小生境涉及土面、石土面与石槽；所有坡位皆有分布；所有坡向也皆有分布；分布坡度范围为 0°～70°；海拔范围为 1254.0～1417.7m；土壤岩性包括白云岩、石灰岩、砂页岩、泥灰岩及第四纪黄黏土。可以看出，侧柏在后寨河流域的分布较广，但海拔可能是限制该物种在后寨河流域分布的因素之一。侧柏为常绿植物，因而，在后寨河流域进行林地恢复时，侧柏当为优势备选物种，改善流域生态景观，但应考虑林地恢复区的海拔情况。

5. 樱桃

樱桃(*Cerasus pseudocerasus* (Lindl.) G. Don)：蔷薇科，樱属乔木，主要具有食用价值。如图 7-6 所示，樱桃在后寨河流域的分布具有一定的局限性，主要分布于流域西南部。樱桃在后寨河流域生长土属包括黑色石灰土、小土泥、黄泥土、白大土泥及黄色石灰土；小生境涉及土面与石土面；在山顶几乎没有分布；坡位主要为南面与东面；分布坡度范围为 0°～67°；海拔范围为 1254.0～1448.7m；土壤岩性包括白云岩与石灰岩。可以看出，樱桃在后寨河流域的分布较窄，土属、坡向及坡位可能是限制该物种在后寨河流域分布的主要因素。樱桃是喜光、喜温、喜湿、喜肥的植物，具有一定的局限性，但其经济价值较高，林地恢复时应根据地理环境进行选择。

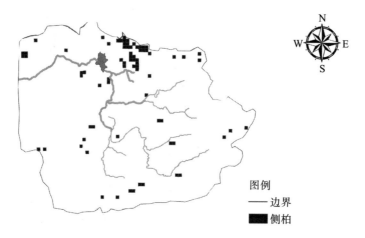

图 7-5　后寨河流域侧柏分布图

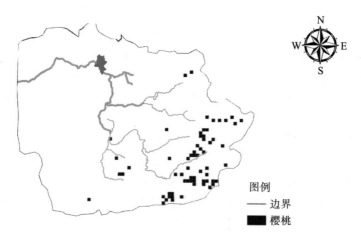

图 7-6　后寨河流域樱桃分布图

6. 野花椒

野花椒(*Zanthoxylum simulans* Hance)：又名竹叶椒，芸香科，花椒属乔木，其果实可以入药，具有温中燥湿、散寒止痛、驱虫止痒之功效(杨卫平等，2010；邓家刚等，2012)。在后寨河流域，野花椒主要分布在东方与东北方，中部及西部几乎没有分布(图 7-7)。野花椒在后寨河流域生长土属包括黑色石灰土、小土泥、黄泥土、白砂土、大土泥、白大土泥及黄色石灰土；小生境包括土面、石土面、石沟与石槽；野花椒分布不受坡位的限制，从平地到坡顶皆有分布；所有坡向也有野花椒分布；分布坡度范围为 0°～75°；海拔范围为 1298.0～1479.7m；土壤岩性主要为石灰岩。野花椒在后寨河流域分布较广泛，说明野花椒在后寨河流域的石漠化治理中是比较好的备选树种，但其主要价值在于药用及改善生态环境，应用时主要参考因素应为物种多样性。

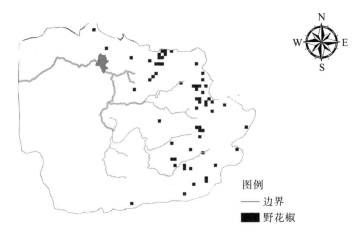

图 7-7　后寨河流域野花椒分布图

7. 杨树

杨树(*Pterocarya stenoptera*)：胡桃科，枫杨属高大乔木，作为道路绿化、园林景观用，是一个非常优秀的树种。如图 7-8 所示，杨树在后寨河流域主要分布在中部、东部及北部区域。在后寨河流域生长地包括了所有土属，即杨树生长是不受土属限制的；小生境包括土面、石土面与石沟；坡位上从平地仅至坡腰；不受坡向限制；分布坡度范围为 0°～85°；海拔范围为 1184.1～1416.3m；土壤岩性主要为石灰岩。杨树在林地恢复树种选择时并非较好树种。第一，应用价值有限，对改善当地经济结构作用较小；第二，杨树生长可能受坡位及海拔的限制。

8. 楸树

楸树(*Catalpa bungei* C. A. Mey.)：紫葳科，梓属乔木，其材质好、用途广、经济价值高，居百木之首。楸树环孔材，早材窄，晚材宽，年轮清晰；心材中含有侵填体(李燕，2013)。如图 7-9 所示，楸树在后寨河流域主要集中分布在东部，但几乎整个流域皆有楸树的分布。其生长土属包括黑色石灰土、黄色石灰土、黄泥土、小土泥、大土泥、白砂土和白大土泥；小生境包括土面、石土面与石槽；坡位上从平地仅至坡腰，与杨树相类似；不受坡向限制；分布坡度范围为 0°～60°；海拔范围为 1184.1～1422.3m；土壤岩性主要为石灰岩与白云岩。因楸树价值高，在林地恢复树种选择中是较好备选树种，但其分布受坡位与海拔的限制。

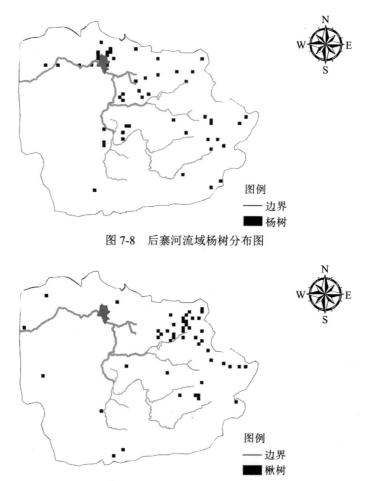

图 7-8　后寨河流域杨树分布图

图 7-9　后寨河流域楸树分布图

9. 梓树

梓树(*Catalpa Ovata* G. Don)：紫葳科，梓属乔木植物，其主要价值为药用，皮、木、叶皆可入药，在后寨河流域主要分布在东北区域(图 7-10)，在东南、中部及内部有零星分布。后寨河流域梓树生长土属包括黑色石灰土、黄色石灰土、黄泥土、小土泥、大土泥、白砂土和白大土泥；小生境包括土面与石土面；坡位包括坡脚、坡中下部、坡腰及坡上部，说明该树种在坡位上具有一定选择性；不受坡向限制；分布坡度范围为 0°～60°；海拔范围为 1252.6～1464.2m；土壤岩性主要为石灰岩与白云岩。该树种药用价值好，同时其分布与山峦关系密切，坡位分布宽，是石漠化治理林地恢复时的优选树种之一。

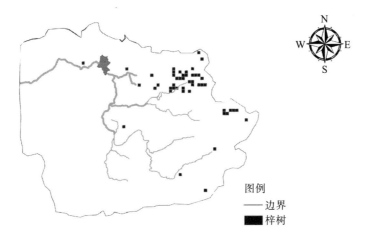

图 7-10 后寨河流域梓树分布图

10. 李树

李树(*Prunus salicina* Lindl.)：蔷薇科，李属乔木，其主要价值为食用与药用，李树在后寨河流域分布较广，且与当地居民集中居住区相邻近(图 7-11)。李树在后寨河流域生长土属包括黑色石灰土、黄色石灰土、黄泥土、小土泥、大土泥、白砂土和白大土泥；小生境包括土面、石土面与石沟；除坡顶外，其他坡位皆有李树的分布；主要坡向为南方及东方；分布坡度范围为 0°～47°，明显低于前面几种乔木树种；海拔范围为 1220.2～1476.4m；其土壤岩性主要为石灰岩、白云岩与第四纪黄黏土。李树食用价值高，是林地恢复时的优选树种之一，但当考虑坡度与坡向问题。

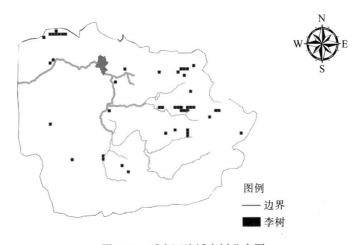

图 7-11 后寨河流域李树分布图

7.5.2　主要灌木分布特征及其在林地恢复中的可行性

与乔木相比，石漠化治理林地恢复时灌木选择的重要性相对较低，因为灌木生长速度快，且是自然生态系统演替的中间环节，受环境影响较大。故石漠化治理林地恢复时对灌木的选择主要重视地理环境比较特殊的区域，如乔木树种不适宜的高坡度、高坡位、高海拔区域，或者部分乔木树种长势较差的坡顶区域。

1. 火棘

火棘(*Pyracantha fortuneana* (Maxim.) Li)：蔷薇科，火棘属灌木，其根、果、叶皆可入药，火棘是后寨河流域分布最为广泛的乔灌木物种(图 7-12)，出现频次为 382，即 13.87%的区域有火棘分布。火棘在后寨河流域生长土属包括黑色石灰土、黄色石灰土、黄泥土、小土泥、大土泥、白砂土和白大土泥；小生境包括土面、石土面、石沟与石槽；从平地至坡顶皆有分布；不受坡向限制；分布坡度范围为 0°～85°；海拔范围为 1180.0～1495.6m；其土壤岩性主要为石灰岩、白云岩、砂页岩、泥灰岩与第四纪黄黏土。该物种喜强光，耐贫瘠，抗干旱，不耐寒，是喀斯特石漠化治理林地恢复中的首选灌木。

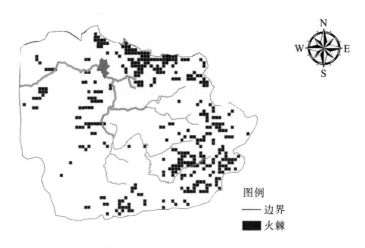

图 7-12　后寨河流域火棘分布图

2. 异叶鼠李

异叶鼠李(*Rhamnus heterophylla* Oliv.)：鼠李科，鼠李属，矮小灌木，其分布广泛，环境适应性强(图 7-13)。异叶鼠李是后寨河流域分布较为广泛的乔灌木物种，出现频次为 130，即 4.72%的区域有异叶鼠李分布。生长土属包括黄色石灰土、黄泥土、小土泥、黑色石灰土、白砂土、大土泥和白大土泥；小生境包括土面、石土面、石缝与石槽；除了平地与盆地无分布外，其余坡位皆有分布；不受坡向限制；分布坡度范围为 0°～74°；海拔范围为 854.1～1488.0m；其土壤岩性主要为石灰岩、白云岩、砂页岩、泥灰岩与第四纪黄黏土。异叶鼠李经济价值较低，但其适宜坡度、海拔、小生境、土属及岩性等范围较宽，可根据实际情况加以利用。

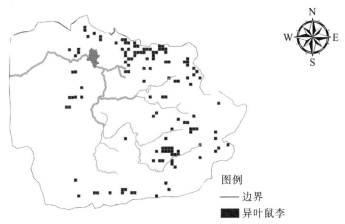

图 7-13 后寨河流域异叶鼠李分布图

3. 小果蔷薇

小果蔷薇(*Rosa cymosa* Tratt.)：别名小金樱，蔷薇科，蔷薇属灌木，是落叶蔓生灌木，小果蔷薇在后寨河流域分布也较广(图 7-14)，生长土属包括黄色石灰土、小土泥、黑色石灰土和白砂土；小生境包括土面、石土面、石缝、石沟与石槽；除了平地与盆地无分布外，其余坡位皆有分布；不受坡向限制；分布坡度范围为 0°～70°；海拔范围为 1254.3～1461.5m；其土壤岩性主要为石灰岩、白云岩与第四纪黄黏土。小果蔷薇生长较快，小生境要求不高，海拔较高，特别是坡上部和坡顶林地恢复时可重点考虑。

4. 马桑

马桑(*Coriaria nepalensis* Wall.)：马桑科，马桑属灌木，其主要价值为药用，马桑根治风湿麻木。在后寨河流域，马桑主要分布在东部区域，中部及南部零星分布，西部几乎没有分布(图 7-15)。西部地形主要为平地，土地利用方式主要为农业生产用地，人为去除占很大原因，并非马桑对环境不适宜。生长土属包括黄色石灰土、黄泥土、小土泥、黑色石灰土、白砂土、大土泥和白大土泥；小生境包括土面、石土面与石坑，石槽、石沟与石缝未有记录；坡位上，从平地至坡上部皆有分布，但坡顶位置本研究中无记录；不受坡向限制；坡度范围为 0°～78°；海拔范围为 1254.3～1436.5m；其土壤岩性主要为石灰岩、白云岩、泥灰岩与砂页岩。马桑有一定药用价值，对小生境有一定要求，坡向、坡度无限制，对坡位、坡度与海拔适应性较好，是后寨河流域石漠化林地恢复的优选灌木之一。

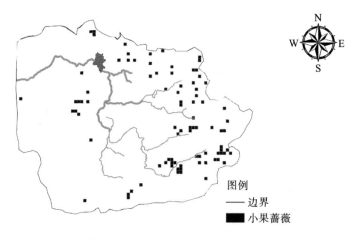

图 7-14　后寨河流域小果蔷薇分布图

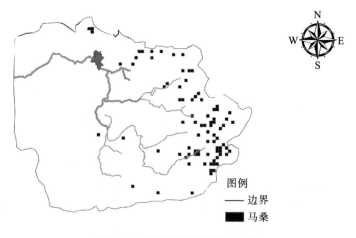

图 7-15　后寨河流域马桑分布图

5. 粉枝莓

粉枝莓(*Rubus biflorus Buch*.Ham. ex Smith)：蔷薇科，悬钩子属灌木，色泽鲜黄、味甜、多浆、营养价值极高，是鲜食的美味水果，也可用于酿酒，制作果酱、饮料、果冻以及多种食品添加剂(李维林等，1994)；其根、茎、叶、果皆可入药，具有补肾、固精、明目的功效(罗建，2003；康淑荷等，2007，2008)。后寨河流域粉枝莓主要分布在东部、东北部、东南部，中、西部地区鲜有分布。中、西部地区分布较少可能主要是因为人为干扰(图 7-16)。粉枝莓生长土属包括黄色石灰土、黄泥土、小土泥、黑色石灰土、白砂土、大土泥和白大土泥；小生境包括土面、石土面与石坑，石沟与石缸未有记录；坡位上，从平地至坡上部皆有分布，坡顶位置本研究中无记录；不受坡向限制；分布坡度范围为0°～75°；海拔范围为1247.0～1498.4m；其土壤岩性主要为石灰岩、白云岩、第四纪黄黏土、泥灰岩与砂页岩。粉枝莓在后寨河流域的生长不受土属、坡向、坡度、海拔的限制,在流域石漠化林地恢复的灌木选择中具有一定的优势。

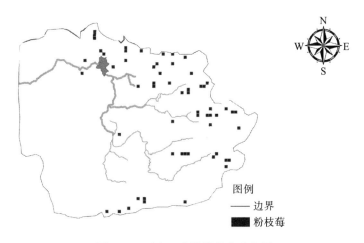

图 7-16　后寨河流域粉枝莓分布图

7.6　喀斯特小流域林地恢复空间

7.6.1　林地恢复的依据与原则

林地恢复是喀斯特石漠化防治的主要手段,可以改善区域生态环境系统功能。科学合理的林地恢复可以带来巨大的生态环境效益,完善区域经济结构,带动地方经济发展。然而,喀斯特石漠化区生态环境恶劣,土地生产力低下,经济落后,林地恢复当考虑社会稳定等问题,遵循稳中求进的思路。故首先应解决石漠化防治中林地恢复的重点,估算林地恢复空间,便于人力、财力的投入及生态环境效益的估算与预测。

7.6.2　林地恢复空间估算主要参考依据

根据贵州省喀斯特石漠化综合防治工程显示,石漠化防治措施主要涉及退耕还林、人工造林及人工种草。退耕还林是将土壤质量或环境较差的旱地与坡耕地重新规划为林地进行造林,包括坡度较大、岩石裸露率较高、土壤厚度较小等区域;人工造林主要是针对弃耕地与荒地进行造林。

本研究数据表明,后寨河流域石漠化发生主要的贡献因素是海拔与坡度,即导致后寨河流域石漠化发生与加剧的主要因素是海拔与坡度。海拔对石漠化发生的作用主要源自两个方面。

(1)海拔对植被覆盖的影响。海拔是影响植物生长发育的重要外界环境因素之一，可影响植物的生长发育、物质代谢、功能结构等，也影响植物叶片比叶面积、气孔密度、羧化效率和叶片含氮量等。随着海拔升高，昼夜温差增大，植物叶绿素含量随之增高。而植物的叶面积也存在一定的变化，在高海拔地区，紫外线是决定很多植物分布的一个重要因子，如强光可减少对叶干物质量的投入，缩小叶面积，同时也可以缓和因强光而导致的水分胁迫，减少因蒸腾速率增加而造成的水分亏缺。后寨河流域不同植被的海拔分布存在着较大差异，很多乔木树种皆受海拔限制。

(2)海拔对坡度的影响。像后寨河这样的喀斯特流域，海拔与坡度之间存在着极强的相关性。如图7-17所示，后寨河流域海拔与坡度之间存在明显的正相关关系，随着海拔的升高，坡度具有上升的趋势。同时，坡度也是水土流失及石漠化发生的主要作用因子(Shen et al.，2016)。

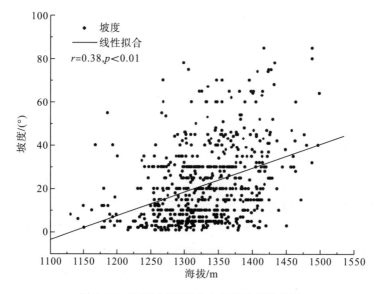

图 7-17　后寨河流域海拔与坡度之间的关系

坡度对石漠化发生或加剧的贡献也主要有两个方面。

(1)坡度直接与喀斯特山地水土流失密切相关(吕志备，2015；Shen et al.，2016)。基于喀斯特地区水土流失的特殊性，受降水量、坡度和前期降雨共同影响，覃莉等对喀斯特地区不同坡度径流小区水土流失特征进行了分析(覃莉等，2015)，认为 20°是喀斯特地区水土流失临界坡度，可以优化喀斯特地区水土流失防治措施布设，比如在小流域综合治理中优选坡度为 20°的地类进行综合治理，重点考虑坡改梯工程等。基于坡度等级的喀斯特山区石漠化与水土流失相关性，张珊珊等以贵州省盘县为研究对象，研究坡度、石漠化及水土流失之间的关系。其结果表明当坡度小于8°时，石漠化与水土流失等级、水土流失与石漠化等级存在单一的负相关关系。当坡度在 8°～35°时，已石漠化与已水土流失面积均呈现出先减小后增大再减小的趋势。当坡度大于 35°时，石漠化与水土流失等级在微度与强烈侵蚀范围内，表现为负相关，在强烈与剧烈侵蚀范围内，表现为正相关；而水土流失与石漠化等级则相反，在无石漠化与轻度石漠化范围内，表现为正相关，在轻度与极强度石漠化范围内，表现为负相关(张珊珊等，2017)。丛鑫等对我国南部山区坡度及土壤侵蚀进行了研究，认为随着坡度的增加，径流深和土壤侵蚀量的最大值主要出现在 20°坡面，其次为 25°坡面，因此可将 20°及 25°作为济南南部山区水土流失的临界坡度(丛鑫等，2017)。

(2)坡度的大小会作为潜在影响因素，影响人们对土地利用的规划。将坡耕地与其他利用类型的坡地(包括草地、荒地、灌丛草地、灌丛、乔木灌木混交林地和乔木林地)的坡度、岩石裸露率和土壤厚度进行比较。对于坡耕地，坡度和岩石裸露率之间没有明显的相关性；而坡度与土壤厚度之间具有明显的负相关关系；岩石裸露率和土壤厚度也具有明显的负相关性。与此相反，对于其他利用类型的坡地而言，坡度和岩石裸露率之间存在显著的正相关性关系；坡度与土层厚度之间也存在着显着的负相关性；岩石裸露率和土壤厚度也具有明显的负相关性。首先，坡耕地的岩石裸露率没有随坡度的增加而增加，其他其他类型坡地的岩石裸露率则随着坡度的增加而增加。其次，坡耕地的土壤厚度随着坡耕地坡度的增加而降低，但是坡耕地土壤厚度与坡度之间的 Pearson 相关系数要比其他土地利用方式的(绝对值)低得多。最后，坡耕地和其他土地利用的岩石裸露率随土层厚度的增加而减小，但坡耕地土壤厚度与岩石裸露率之间的 Pearson 相关系数略大于其他土地利用(绝对值)。所有这些数据表明，坡耕地的岩石裸露率比其他土地利用类型要低，而坡耕地的土壤厚度则比其他土地利用类型坡地要大。岩石裸露率和土层厚度是影响喀斯特流域坡耕地选择的关键因素，而不是坡度。坡度与土壤流失和石漠化的发生密切相关。

7.6.3 估算原则及林地恢复空间

结合野外调研信息，本研究通过以下几个原则对后寨河流域林地恢复空间进行估算。

(1)荒地。根据地理学概念，广义的荒地指可供开发利用和建设而尚未开发利用和建设的一切土地，主要包括宜农、宜林和宜牧荒地等。狭义的荒地通常指宜农荒地，即宜于耕种而尚未开垦种植的土地和虽经耕垦利用，但荒废而停止耕种不久的土地。本研究中荒地指非林、非农业生产用地，仅有零星杂草或小灌木生长的特殊用地方式。这些土地通常土壤条件差，环境条件恶劣，植被自然生长，生态系统自然演替受到一定的限制。林地恢复模式主要为人工造林，由于环境条件恶劣，需要加强人为管理。这部分土地当全部列为林地恢复空间。

(2)弃耕地。指因各种原因被放弃耕作的土地。近年来，大批农村青壮年涌入沿海发达城市(上海、宁波、温州、广州等)、省会城市或当地新兴企业充当流动劳动力，留下老弱妇孺从事农业生产活动。故大量质量较差的农业生产用地，甚至部分质量较好的农业生产用地被遗弃。这部分土地也应当全部作为林地恢复空间。

(3)坡度较陡的农业生产用地。如前所述，坡度是导致水土流失，石漠化发生的主要因素之一。坡面侵蚀动力主要源自降水及径流，径流能量的大小取决于流速及径流量大小，流速主要取决于地表坡度及粗糙度(林军等，2006)。因而，坡度较陡的农业生产用地应列入林地恢复计划。但部分文献报道对坡度与土壤侵蚀之间的关系存在一定的争论，但大部分学者认为临界值在 20°(林军等，2006；覃莉等，2015；丛鑫等，2017；张珊珊等，2017)。故本研究在估算林地恢复空间时坡度考虑为20°。

(4)岩石裸露率。岩石裸露率是喀斯特山地石漠化最直接的反映参数，已出现石漠化现象时，如不进行科学、合理的人为管理，将会导致石漠化逐渐加剧，生态环境逐渐恶化。基于熊康宁等(2007)的研究与划分，轻度石漠化区，基岩裸露率在 30%~50%之间，因此本研究将岩石裸露率大于 30%的农业生产用地划为潜在的林地恢复空间。或许部分其他因素也应该列入后寨河流域潜在林地恢复空间的估算中，如海拔、土壤厚度等。但在某种程度上，后寨河流域土地资源还存在局部短缺现象。因而本研究对潜在林地恢复空间的估算主要出发点定位于减轻或控制石漠化的发生与恶化，改善流域生态景观系统与生态功能。

基于以上估算原则，后寨河流域潜在林地恢复空间为所有荒地、弃耕地和坡度大于等于20°或岩石裸露率大于30%的土地。如图 7-18 所示，后寨河流域潜在林地恢复空间非常大。主要在东部多山地区，中部、南部、北部山地区域。西北部及东南部多为平地，潜在林地恢复空间相对较少。

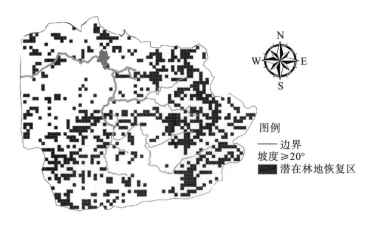

图 7-18　后寨河流域潜在林地恢复空间

目前，后寨河流域荒地面积 8.91km^2，占后寨河流域总面积的 12.38%；弃耕地面积约为 2.81km^2，占后寨河流域总面积的 3.90%。因而荒地与弃耕地林地恢复空间大约 11.72km^2，占后寨河流域总面积的 16.28%。加上因坡度较陡(3.60km^2)、岩石裸露率较低(3.61km^2)、坡度较陡同时岩石裸露率较高的(1.40km^2)农业生产用地，总的林地恢复空间为 20.33km^2，占后寨河流域总面积的 28.22%。

参 考 文 献

敖伊敏，焦燕，徐柱，2011. 典型草原不同围封年限植被-土壤系统碳氮储量的变化. 生态环境学报，20(10)：1403-1410.

白爱芹，傅伯杰，曲来叶，等，2013. 重度火烧迹地微地形对土壤微生物特性的影响——以坡度和坡向为例. 生态学报，33(17)：5201-5209.

白文娟，郑粉莉，董莉丽，等，2010. 黄土高原地区水蚀交错带土壤质量综合评价. 中国水土保持学报，8(3)：28-37.

曹宏杰，王立民，罗春雨，等，2013. 三江平原地区土壤有机碳及其组分的空间分布特征. 生态环境学报，22(7)：1111-1118.

曹建华，袁道先，潘根兴，2003. 岩溶生态系统中的土壤. 地球科学进展，18(1)：38-45.

曹人升，范明毅，黄先飞，等，2017. 金沙燃煤电厂周围土壤有机质与重金属分析. 环境化学，36(2)：397-407.

常小峰，汪诗平，徐广平，等，2013. 土壤有机碳库的关键影响因素及其不确定性. 广西植物，33(5)：710-716.

陈冲，周卫军，郑超，等，2011. 红壤丘陵区坡度与坡向对耕地土壤养分空间差异的影响. 湖南农业科学，(23)：53-56.

陈高起，傅瓦利，沈艳，等，2015. 岩溶区不同土地利用方式对土壤有机碳及其组分的影响. 水土保持学报，29(3)：123-129.

陈吉，史基安，孙国强，等，2012. 鄂博染Ⅲ号上、下油砂山组成岩作用及对孔隙影响. 兰州大学学报，(16)：1-7.

陈起伟，熊康宁，兰安军，2014. 基于3S的贵州喀斯特石漠化遥感监测研究. 干旱区资源与环境，28(3)：62-67.

陈仕栋，2011. 湖南省土壤有机碳密度、储量的空间分布格局及其影响因子分析. 长沙：中南林业科技大学.

陈晓安，蔡强国，郑明国，等，2011. 岔巴沟流域次暴雨坡面土壤侵蚀经验模型. 地理科学进展，30(3)：325-329.

揣小伟，黄贤金，赖力，等，2011. 基于 GIS 的土壤有机碳储量核算及其对土地利用变化的响应. 农业工程学报，27(9)：1-6.

丛鑫，孔珂，王金童，等，2017. 基于 SWAT 模型的锦绣川流域土地利用和覆被变化的水文响应分析. 济南大学学报(自然科学版)，31(5)：426-432.

代杰瑞，庞绪贵，曾宪东，等，2015. 山东省土壤有机碳密度的空间分布特征及其影响因素. 环境科学研究，28(9)：1449-1458.

邓家刚，黄克南，2012. 果实类中草药彩色图鉴. 北京：化学工业出版社.

杜沐东，2013. 不同生态区农田土壤有机碳含量空间变异特征及其影响因素分析. 成都：四川农业大学.

杜雪莲，王世杰，2010. 喀斯特石漠化区小生境特征研究——以贵州清镇王家寨小流域为例. 地球与环境，38(3)：255-261.

范胜龙，黄炎和，林金石，2011. 表征土壤有机碳区域分布的优化空间插值模型研究——以福建省龙海市为例. 水土保持研究，18(6)：1-5.

方精云，刘国华，徐嵩龄，1996. 中国陆地生态系统的碳库//王庚辰，温玉璞. 温室气体浓度和排放监测及相关过程. 北京：中国环境科学出版社：109-128.

冯腾，陈洪松，张伟，等，2011. 桂西北喀斯特坡地土壤 137Cs 的剖面分布特征及其指示意义. 应用生态学报，

22(3)：593-599.

傅华，陈亚明，王彦荣，等，2004. 阿拉善主要草地类型土壤有机碳特征及其影响因素. 生态学报，3：469-476.

高鹏，2013. 喀斯特峰丛洼地小流域表层土壤化学性质的空间异质性. 北京：中国科学院大学.

高小虎，辜再元，2008. 矿山植被恢复不同年限土壤成分动态变化研究// 全国工程绿化技术交流研讨会.

耿广坡，高鹏，吕圣桥，等，2011. 鲁中南山区马蹄峪小流域土壤有机质和全氮空间分布特征. 中国水土保持科学，9(6)：99-105.

顾成军，史学正，于东升，等，2013. 省域土壤有机碳空间分布的主控因子——土壤类型与土地利用比较. 土壤学报，50(3)：425-432.

郭建明，2011. 井冈山森林土壤有机碳密度空间分布及影响因子. 南昌：南昌大学.

郭柯，刘长成，董鸣，2011. 我国西南喀斯特植物生态适应性与石漠化治理. 植物生态学报，35(10)：991-999.

郭晓伟，骆土寿，李意德，等，2015. 海南尖峰岭热带山地雨林土壤有机碳密度空间分布特征. 生态学报，35(23)：7878-7886.

韩丹，程先富，谢金红，等，2012. 大别山区江子河流域土壤有机质的空间变异及其影响因素. 土壤学报，49(2)：403-408.

韩至钧，金占省，1996. 贵州省水文地质志. 北京：地震出版社.

何宁，宋同清，彭晚霞，等，2012. 喀斯特峰丛洼地次生林土壤有机碳的剖面分布特征. 植物营养与肥料学报，18(2)：374-381.

何先进，吴鹏飞，崔丽巍，等，2012. 坡度对农田土壤动物群落结构及多样性的影响. 生态学报，32(12)：3701-3713.

侯景润，郭光裕，1993. 矿床统计预测及地质统计学的理论与应用. 北京：冶金工业出版社.

胡婵娟，郭雷，2012. 植被恢复的生态效应研究进展. 生态环境学报，1(9)：1640-1646.

胡忠良，潘根兴，李恋卿，等，2009. 贵州喀斯特山区不同植被下土壤 C、N、P 含量和空间异质性. 生态学报，29(8)：4187-4195.

黄从德，张健，杨万勤，等，2009. 四川森林土壤有机碳储量的空间分布特征. 生态学报，29(3)：1217-1225.

黄利玲，王子芳，高明，等，2011. 三峡库区紫色土旱坡地不同坡度土壤磷素流失特征研究. 水土保持学报，25(1)：30-33.

黄雪夏，倪九派，高明，等，2005. 重庆市土壤有机碳库的估算及其空间分布特征. 水土保持学报，19(1)：54-58.

黄中秋，2014. 浙江省森林土壤有机碳密度空间变异特征及其影响因素. 杭州：浙江农林大学.

黄宗胜，符裕红，喻理飞，2013. 喀斯特森林植被自然恢复过程中土壤有机碳库特征演化. 土壤学报，50(2)：306-314.

贾宇平，苏志珠，段建南，2004. 黄土高原沟壑区小流域土壤有机碳空间变异. 水土保持学报，18(1)：31-34.

康淑荷，师永清，杨彩霞，2008. 粉枝莓根中的三萜及甾体化合物. 中药材，31(11)：1669-1671.

康淑荷，郑尚珍，2007. 粉枝莓中的两种新黄酮成分. 药学学报，42(12)：1288-1291.

兰安军，张百平，熊康宁，等，2003. 黔西南脆弱喀斯特生态环境空间格局分析. 地理研究，22(6)：63-71，141.

李福燕，李许明，吴鹏飞，等，2009. 海南省农用地土壤重金属含量与土壤有机质及 pH 的相关性. 土壤，41(1)：49-53.

李桂林，陈杰，孔志超，等，2007. 基于土壤特征和土地利用变化的土壤质量评价最小数据集确定. 生态学报，27(7)：2715-2724.

李国栋，张俊华，陈聪，等，2013. 气候变化背景下中国陆地生态系统碳储量及碳通量研究进展. 生态环境学报，22(5)：873-878.

李景阳，朱立军，王朝富，等，1996. 碳酸盐岩风化壳及喀斯特成土作用研究. 贵州地质，13(1)：139-145.

李俊超, 郭胜利, 党廷辉, 等, 2014. 黄土丘陵区不同退耕方式土壤有机碳密度的差异及其空间变化. 农业环境科学学报, 33(6): 1167-1173.

李克让, 王绍强, 曹明奎, 2003. 中国植被和土壤碳贮量. 中国科学: 地球科学, 33(1): 72-80.

李林海, 郜二虎, 梦梦, 等, 2013. 黄土高原小流域不同地形下土壤有机碳分布特征. 生态学报, 33(1): 179-187.

李龙波, 刘涛泽, 李晓东, 等, 2012. 贵州喀斯特地区典型土壤有机碳垂直分布特征及其同位素组成. 生态学杂志, 31(2): 241-247.

李如剑, 张彦军, 赵慢, 等, 2016. 坡度和降雨影响土壤 CO_2 通量和有机碳流失的模拟研究. 环境科学学报, 36(4): 1336-1342.

李甜甜, 季宏兵, 孙媛媛, 等, 2007. 我国土壤有机碳储量及影响因素研究进展. 首都师范大学学报: 自然科学版, 28(1): 93-97.

李维林, 蒋振军, 蒋续银, 1994. 粉枝莓资源开发利用研究. 中国水土保持, (06): 37-39.

李新爱, 肖和艾, 吴金水, 等, 2006. 喀斯特地区不同土地利用方式对土壤有机碳、全氮以及微生物生物量碳和氮的影响. 应用生态学报, 17(10): 1827-1831.

李燕, 沈丘古楸, 2013. 全县唯一"木王". 周口晚报, 1, 9(A07).

李阳兵, 王世杰, 程安云, 等, 2010. 岩溶地区土地利用和土地覆被与石漠化的相关性——以后寨河地区为例. 中国水土保持科学, 8(1): 17-21.

李毅, 刘建军, 2000. 土壤空间变异性研究方法. 石河子大学学报(自然科学版), 4(4): 331-337.

李毅, 王文焰, 王全九, 2002. 土壤空间变异性研究. 水土保持学报, 16(1): 68-71.

李玉琴, 2008. 川西山地小流域土壤有机碳空间分布特征研究. 成都: 四川农业大学.

连纲, 郭旭东, 傅伯杰, 等, 2006. 黄土丘陵沟壑区县域土壤有机质空间分布特征及预测. 地理科学进展, 2: 112-122, 142.

梁二, 蔡典雄, 张丁辰, 等, 2010. 中国陆地土壤有机碳储量估算及其不确定性分析. 中国土壤与肥料, (6): 75-79.

梁军, 孙志强, 乔杰, 等, 2010. 天然林生态系统稳定性与病虫害干扰——调控与被调控. 生态学报, 30(9): 2454-2464.

廖洪凯, 李娟, 龙健, 等, 2013. 贵州喀斯特山区花椒林小生境类型与土壤环境因子的关系. 农业环境科学学报, 32(12): 2429-2435.

廖洪凯, 龙健, 2011. 喀斯特山区不同植被类型土壤有机碳的变化. 应用生态学报, 22(9): 2253-2258.

林军, 2006. 海岸线变迁环境地质问题研究——以福建南部沿海地区为例. 地质灾害与环境保护, 1: 29-34.

林鹏, 1986. 植物群落学. 上海: 上海科学技术出版社.

林英华, 汪来发, 田晓堃, 等, 2011. 三峡库区杉木马尾松混交林土壤 C、N 空间特征. 生态学报, 31(23): 7311-7319.

林勇, 张万军, 吴洪娇, 等, 2001. 恢复生态原理与退化生态系统生态工程. 中国生态农业学报, 9(1): 35-37.

刘臣辉, 吕信红, 范海燕, 2011. 主成分分析法用于环境质量评价的探讨. 环境科学与管理, 36(3): 183-186.

刘成刚, 薛建辉, 2011. 喀斯特石漠化山地不同类型人工林土壤的基本性质和综合评价. 植物生态学报, 35(10): 1050-1060.

刘丛强, 2009. 生物地球化学过程与地表物质循环: 西南喀斯特土壤-植被系统生源要素循环. 北京: 科学出版社.

刘丛强, 郎赟超, 李思亮, 等, 2009. 喀斯特生态系统生物地球化学过程与物质循环研究: 重要性、现状与趋势. 地学前缘, 6: 1-12.

刘方, 王世杰, 罗海波, 等, 2008. 喀斯特森林生态系统的小生境及其土壤异质性. 土壤学报, 06: 1055-1062.

刘国华, 傅伯杰, 吴钢, 等, 2003. 环渤海地区土壤有机碳库及其空间分布格局的研究. 应用生态学报, 14(9):

1489-1493.

刘京，常庆瑞，陈涛，等，2012. 陕西省土壤有机碳密度空间分布及储量估算. 土壤通报，43(3)：656-661.

刘留辉，邢世和，高承，等，2009. 国内外土壤碳储量研究进展和存在问题及展望. 土壤通报，40(3)：697-701.

刘璐，曾馥平，宋同清，等，2010. 喀斯特木论自然保护区土壤养分的空间变异特征. 应用生态学报，21(7)：
    1667-1673.

刘淑娟，张伟，王克林，等，2011. 桂西北喀斯特峰丛洼地表层土壤养分时空分异特征. 生态学报，31(11)：3036-3043.

刘宪锋，任志远，林志慧，2012. 基于 GIS 的陕西省土壤有机碳估算及其空间差异分析. 资源科学，34(5)：911-918.

刘艳婷，2012. 彭山土壤有机碳和全氮密度的空间分布特征及其影响因素研究. 成都：四川农业大学.

刘志鹏，2013. 黄土高原地区土壤养分的空间分布及其影响因素. 北京：中国科学院研究生院(教育部水土保持与
    生态环境研究中心).

柳云龙，章立佳，施振香，等，2011. 上海城市样带土壤有机碳空间变异性研究. 长江流域资源与环境，20(12)：
    1488-1494.

卢红梅，王世杰，2006. 花江小流域石漠化过程中的土壤有机碳氮的变化. 地球与环境，34(4)：41-46.

罗建，2003. 粉枝莓的组织培养与植株再生. 林业科技，28(1)：52-54.

罗建，2003. 粉枝莓的组织培养与植株再生研究. 四川林勘设计，28(1)：1-4.

罗由林，李启权，王昌全，等，2015. 四川省仁寿县土壤有机碳空间分布特征及其主控因素. 中国生态农业学报，
    23(1)：34-42.

吕超群，孙书存，2004. 陆地生态系统碳密度格局研究概述. 植物生态学报，28(5)：692-703.

吕志备，2015. 不同坡度、容重和覆盖对坡面水土流失及入渗的影响研究. 晋中：山西农业大学.

骆东奇，白洁，谢德体，2002. 论土壤肥力评价指标和方法，11(2)：202-205.

马文瑛，赵传燕，王超，等，2014. 祁连山天老池小流域土壤有机碳空间异质性及其影响因素. 土壤，46(3)：426-432.

孟莹，2012. 小流域尺度下土壤有机碳储量估算与空间分布特征研究. 武汉：华中农业大学.

南京农业大学，1986. 土壤农化分析. 北京：中国农业出版社.

潘根兴，1999. 中国土壤有机碳和无机碳库量研究. 科技通报，15(5)：330-332.

潘根兴，2008. 地球系统的碳循环和资源环境效应. 气候变化研究进展，4(5)：282-289.

潘根兴，曹建华，周运超，2000. 土壤碳及其在地球表层系统碳循环中的意义. 第四纪研究，20(4)：325-334.

潘根兴，李恋卿，张旭辉，等，2003. 中国土壤有机碳库量与农业土壤碳固定动态的若干问题. 地球科学进展，18(4)：
    609-618.

潘根兴，赵其国，2005. 我国农田土壤碳库演变研究：全球变化和国家粮食安全. 地球科学进展，20(4)：384-393.

潘忠成，袁溪，李敏，2016. 降雨强度和坡度对土壤氮素流失的影响. 水土保持学报，30(01)：9-13.

庞世龙，欧芷阳，申文辉，等，2016. 广西喀斯特地区不同植被恢复模式土壤质量综合评价. 中南林业科技大学学
    报，36(7)：60-66.

齐定辉，李勇，2003. 植物根系提高土壤抗侵蚀性机理研究. 水土保持学报，17(3)：34-37.

覃莉，刘凤仙，杨智，2015. 喀斯特地区不同坡度径流小区水土流失特征分析. 中国水土保持，(8)：63-65.

时雷雷，骆土寿，许涵，林等，2012. 尖峰岭热带山地雨林土壤物理性质小尺度空间异质性研究. 林业科学研究，
    25(3)：285-293.

史婷婷，陈植华，王宁涛，等，2011. 香溪河流域土壤有机碳储量影响因素的空间相关性分析. 中国岩溶，30(4)：
    422-431.

宋莎，李廷轩，王永东，等，2011. 县域农田土壤有机质空间变异及其影响因素分析. 土壤，43(1)：44-49.

苏维词，杨华，李晴，等，2006. 我国西南喀斯特山区土地石漠化成因及防治. 土壤通报，37（3）：447-451.

苏晓燕，赵永存，杨浩，等，2011. 不同采样点数量下土壤有机质含量空间预测方法对比. 地学前缘，18（6）：34-40.

孙承兴，王世杰，周德全，等，2002. 碳酸盐岩酸不溶物作为贵州岩溶区红色风化壳主要物质来源的证据. 矿物学报，22（3）：235-242.

孙花，谭长银，黄道友，等，2011. 土壤有机质对土壤重金属积累、有效性及形态的影响. 湖南师范大学自然科学学报，34（4）：82-87.

唐成，杜虎，宋同清，等，2013. 喀斯特峰丛坡地不同土地利用方式下土壤 N、P 空间变异特征. 生态学杂志，32（7）：1683-1689.

田丽艳，郎赟超，刘丛强，等，2013. 贵州普定喀斯特坡地土壤剖面有机碳及其同位素组成. 生态学杂志，32（9）：2362-2367.

田潇，2015. 普定后寨河流域土壤有机碳储量估算. 贵阳：贵州大学.

田秀玲，吕娜，朱飞鸽，等，2012. 贵州省喀斯特山区植被恢复的物种选择现状分析亚热带资源与环境学报. 7（2）：17-26.

王德炉，朱守谦，黄宝龙，2003. 贵州喀斯特地区石漠化过程中植被特征的变化. 南京林业大学学报：自然科学版，27（3）：26-33.

王建林，欧阳华，王忠红，等，2010. 贡嘎南山—拉轨岗日山南坡高寒草原生态系统表层土壤有机碳分布特征及其影响因素. 土壤通报，41（2）：346-350.

王金达，刘景双，刘淑霞，等，2004. 松嫩平原黑土土壤有机碳库的估算及影响因素. 农业环境科学学报，23（4）：687-690.

王佩将，戴全厚，丁贵杰，等，2014. 退化喀斯特植被恢复过程中的土壤抗蚀性变化. 土壤学报，51（4）：806-815.

王绍强，刘纪远，于贵瑞，2003. 中国陆地土壤有机碳蓄积量估算误差分析. 应用生态学报，14（5）：797-802.

王绍强，周成虎，李克让，等，2000. 中国土壤有机碳库及空间分布特征分析. 地理学报，55（5）：533-544.

王绍强，朱松丽，2000. 中国土壤有机碳库及空间分布特征分析. 地理学报，55（5）：533-544.

王世杰，2003. 喀斯特石漠化——中国西南最严重的生态地质环境问题. 矿物岩石地球化学通报，22（2）：120-126.

王世杰，季宏兵，欧阳自远，等，1999. 碳酸盐岩风化成土作用的初步研究. 中国科学（D 辑），29（5）：441- 449.

王世杰，卢红梅，周运超，等，2007. 茂兰喀斯特原始森林土壤有机碳的空间变异性与代表性土样采集方法. 土壤学报，44（3）：475-483.

王秀丽，张凤荣，朱泰峰，等，2013. 北京山区土壤有机碳分布及其影响因素研究. 资源科学，35（6）：1152-1158.

王移，卫伟，杨兴中，等，2010. 我国土壤动物与土壤环境要素相互关系研究进展. 应用生态学报，21（9）：2441-2448.

王芸，赵中秋，王怀泉，等，2013. 土壤有机碳库与其影响因素研究进展. 山西农业大学学报：自然科学版，33（3）：262-268.

王长庭，龙瑞军，王启兰，等，2008. 三江源区高寒草甸不同退化演替阶段土壤有机碳和微生物量碳的变化. 应用与环境生物学报，14（2）：225-230.

王政权，1999. 地统计学及在生态学中的应用. 北京：科学出版社.

魏孝荣，邵明安，高建伦，2008. 黄土高原沟壑区小流域土壤有机碳与环境因素的关系. 环境科学，29（10）：2879-2884.

文启孝，1984. 土壤有机质的组成、形成和分解. 土壤，4：121-129.

吴敏，刘淑娟，叶莹莹，等，2015. 典型喀斯特高基岩出露坡地表层土壤有机碳空间异质性及其储量估算方法. 中国生态农业学报，23（6）：676-685.

吴鹏, 陈骏, 崔迎春, 等, 2012. 茂兰喀斯特植被主要演替群落土壤有机碳研究. 中南林业科技大学学报, 32(12): 181-186.

吴彦, 刘庆, 乔永康, 等, 2001. 亚高山针叶林不同恢复阶段群落物种多样性变化及其对土壤理化性质的影响. 植物生态学报, 25(6): 648-655.

奚小环, 杨忠芳, 夏学齐, 等, 2009. 基于多目标区域地球化学调查的中国土壤碳储量计算方法研究. 地学前缘, 16(1): 194-205.

夏学齐, 杨忠芳, 余涛, 等, 2011. 中国东北地区 20 世纪末土地利用变化的土壤碳源汇效应. 地学前缘, 18(6): 56-63.

向志勇, 邓湘雯, 田大伦, 等, 2010. 五种植被恢复模式对邵阳县石漠化土壤理化性质的影响. 中南林业科技大学学报, 30(2): 23-28.

肖毅峰, 2013. 莽山土壤有机碳空间分布及其影响因子分析. 长沙: 中南林业科技大学.

解宪丽, 孙波, 周慧珍, 等, 2004. 不同植被下中国土壤有机碳的储量与影响因子. 土壤学报, 41(5): 687-699.

熊华, 刘济明, 谢元贵, 等, 2008. 中度石漠化小生境特征及分布格局研究. 安徽农业科学, 36(34): 15101-15104.

熊康宁, 袁家榆, 方尹, 2007. 贵州省喀斯特石漠化防治综合防治图集(2006—2050). 贵阳: 贵州人民出版社.

许信旺, 潘根兴, 曹志红, 等, 2007. 安徽省土壤有机碳空间差异及影响因素. 地理研究, 6: 1077-1086.

薛志婧, 侯晓瑞, 程曼, 等, 2011. 黄土丘陵区小流域尺度上土壤有机碳空间异质性. 水土保持学报, 25(3): 160-168.

薛志婧, 马露莎, 安韶山, 等, 2015. 黄土丘陵区小流域尺度土壤有机碳密度及储量. 生态学报, 35(9): 2917-2925.

闫俊华, 周传艳, 文安邦, 等, 2011. 贵州喀斯特石漠化过程中的土壤有机碳与容重关系. 热带亚热带植物学报, 19(3): 273-278

严冬春, 文安邦, 鲍玉海, 等, 2008. 岩溶坡地土壤空间异质性的表述与调查方法——以贵州清镇市王家寨坡地为例. 地球与环境, 36(2): 130-135.

严毅萍, 曹建华, 杨慧, 等, 2012. 岩溶区不同土地利用方式对土壤有机碳库及周转时间的影响. 水土保持学报, 26(2): 144-149.

杨汉奎, 1994. 喀斯特环境质量变异. 贵阳: 贵州科技出版社.

杨皓, 李婕羚, 范明毅, 等, 2016. 贵州无籽刺梨基地土壤及树体特征对种植年限的响应土壤通报, 47(4): 797-804.

杨慧, 张连凯, 于爽, 等, 2012. 桂林毛村岩溶区与碎屑岩区不同土地利用方式对土壤水稳性团聚体特征的影响. 中国岩溶, 31(3): 265-271.

杨青青, 王克林, 2010. 基于 RS 与 GIS 的桂西北石漠化景观与土壤类型关系研究. 土壤通报, 41(5): 1030-1036.

杨瑞, 喻理飞, 安明态, 2008. 喀斯特区小生境特征现状分析: 以茂兰自然保护区为例. 贵州农业科学, 36(6): 168-169.

尹亮, 崔明, 周金星, 等, 2013. 岩溶高原地区小流域土壤厚度的空间变异特征. 中国水土保持科学, 11(1): 51-58.

于兵, 邸雪颖, 臧淑英, 2010. 大庆地区植被和土壤碳氮储量的估算. 水土保持学报, 18(1): 123-127.

于东升, 史学正, 孙维侠, 等, 2005. 基于 1:100 万土壤数据库的中国土壤有机碳密度及储量研究应用. 应用生态学报, 16(12): 2279-2283

于雷, 魏东, 王惠霞, 等, 2016. 江汉平原县域尺度土壤有机质空间变异特征与合理采样数研究. 自然资源学报, 31(5): 855-864.

于沙沙, 窦森, 黄健, 等, 2014. 吉林省耕层土壤有机碳储量及影响因素. 农业环境科学学报, 33(10): 1973-1980.

袁道先, 2001. 地球系统的碳循环和资源环境效应. 第四纪研究, 21(3): 223-232.

袁道先, 蔡桂鸿, 1988. 岩溶环境学. 重庆: 重庆出版社.

袁海伟，苏以荣，郑华，等，2007. 喀斯特峰丛洼地不同土地利用类型土壤有机碳和氮素分布特征. 生态学杂志，26(10)：1579-1584.

张固成，傅杨荣，何玉生，等，2011. 海南岛土壤有机碳空间分布特征及储量. 热带地理，31(6)：554-558.

张会茹，郑粉莉，2011. 不同降雨强度下地面坡度对红壤坡面土壤侵蚀过程的影响. 水土保持学报，25(3)：40-43.

张建杰，李富忠，胡克林，等，2009. 太原市农业土壤全氮和有机质的空间分布特征及其影响因素. 生态学报，29(6)：3163-3172.

张娟娟，田永超，朱艳，等，2009. 一种估测土壤有机质含量的近红外光谱参数. 应用生态学报，20(8)：1896-1904.

张立勇，高鹏，王成军，等，2015. 鲁中南药乡小流域林地土壤有机碳空间分布特征. 中国水土保持科学，13(3)：83-89.

张珊珊，周忠发，孙小涛，等，2017. 基于坡度等级的喀斯特山区石漠化与水土流失相关性研究——以贵州省盘县为例. 水土保持学报，31(2)：79-86.

张伟，陈洪松，王克林，等，2006. 喀斯特峰丛洼地土壤养分空间分异特征及影响因子分析. 中国农业科学，39(9)：1828-1835.

张伟，陈洪松，王克林，等，2007. 桂西北喀斯特洼地土壤有机碳和速效磷的空间变异. 生态学报，27(12)：5168-5175.

张伟，王克林，陈洪松，等，2012. 典型喀斯特峰丛洼地土壤有机碳含量空间预测研究. 土壤学报，49(3)：601-606.

张伟，王克林，刘淑娟，等，2013. 喀斯特峰丛洼地植被演替过程中土壤养分的积累及影响因素. 应用生态学报，24(7)：1801-1808.

张信宝，王世杰，曹建华，等，2010. 西南喀斯特山地水土流失特点及有关石漠化的几个科学问题. 中国岩溶，29(3)：274-279.

张勇，史学正，赵永存，等，2008. 滇黔桂地区土壤有机碳储量与影响因素研究. 环境科学，29(8)：2314-2319.

张志霞，许明祥，刘京，等，2014. 黄土高原不同地貌区土壤有机碳空间变异与合理取样数研究. 自然资源学报，29(12)：2103-2113.

张忠华，胡刚，祝介东，等，2011. 喀斯特森林土壤养分的空间异质性及其对树种分布的影响. 植物生态学报，35(10)：1038-1049.

赵传冬，刘国栋，杨柯，等，2011. 黑龙江省扎龙湿地及其周边地区土壤碳储量估算与1986年以来的变化趋势研究. 地学前缘，18(6)：27-33.

赵建华，盖艾鸿，陈芳，等，2008. 基于GIS和地统计学的区域土壤有机质空间变异性研究. 甘肃农业大学学报，43(4)：103-106.

周文龙，熊康宁，龙健，等，2011. 喀斯特石漠化综合治理区表层土壤有机碳密度特征及区域差异. 土壤通报，42(5)：1131-1136.

周运超，2003. 土壤碳转移动力学及其环境意义. 贵州科学，21(2)：135-141.

周运超，王世杰，卢红梅，2010. 喀斯特石漠化过程中土壤的空间分布. 地球与环境，38(1)：1-7.

朱燕，静玉，2006. 腐殖物质对有机污染物的吸附行为及环境学意义. 土壤通报，6：1224.

訾伟，王小利，段建军，等，2013. 喀斯特小流域土地利用对土壤有机碳和全氮的影响. 山地农业生物学报，32(3)：218-223.

Albritton D L, Allen M R, Baede A P M, 2002. Climate change 2001: the scientific basis. Contribution of working group I to the third assessment report of the intergovernmental panel on climate change. Weather, 57(8): 267-269.

Aleboyeh A, Kasiri M B, Olya M E, et al, 2008. Prediction of azo dye decolorization by UV/H$_2$O$_2$, using artificial neural networks. Dyes & Pigments, 77(2): 288-294.

Amador J A, Wang Y, Savin M C, et al, 2000. Fine-scale spatial variability of physical and biological soil properties in Kingston, Rhode Island. Geoderma, 98: 83-94.

Bajes N H, 2014. Total carbon and nitrogen in soils of the world. European Journal of Soil Science, 65(1): 10-21.

Barahona E, Iriarte A, 2001. An overview of the present state of standardization of soil sampling in Spain. Science of The Total Environment. 264(1-2): 169-174.

Batjes N H, 1996. Total carbon and nitrogen in soils of the world. European Journal of Soil Science, 47: 151-163.

Berger T W, Neubauer C, Glatzel G, 2002. Factors controlling soil carbon and nitrogen stores in pure stands of Norwayspnlce and mixed species stands in Austria. Foerst Ecoolgyand Management, 159: 3-14.

Bullock P, Gregory P J, 1991. Soil in the Urban Environment. Oxford: Blackwell Scientific Publications .

Chang R, Fu B, Liu G, et al, 2012. The effects of a forestation on soil organic and inorganic carbon: a case study of the Loess Plateau of China. Catena, 95(3): 145-152

Chen X B, Zheng H, Zhang W, et al, 2014. Effects of land cover on soil organic carbon stock in a karst landscape with discontinuous soil distribution. Journal of Mountain Science, 11(3): 774-781.

Chu K H, 2003. Prediction of two-metal biosorption equilibria using a neural network. European Journal of Mineral Processing & Environmental Protection, 3(1): 119-127.

Conant R T, Paustian K, 2002. Spatial variability of soil organic carbon in grasslands: implications for detecting change at different scales. Environmental Pollution, 116: S127-S135.

Critchley C N R, Chambers B J, Fowbert J A, et al, 2002. Association between lowland grassland plant communities and soil properties. Biological Conservation, 105: 199-215.

Deng L, Zhu G Y, Tang Z S, et al, 2016. Global patterns of the effects of land-use changes on soil carbon stocks. Global Ecology and Conservation, 5: 127-138.

Dixon R K, Brown S, Solomon A M, et al, 1994. Carbon pools and flux of global forest ecosystem. Science, 263: 185-190.

Eleanor H, Garry R W, Silvia F, et al, 2014. Stability and storage of soil organic carbon in a heavy-textured Karst soil from south-eastern Australia. Soil Research, 52(5): 476-482.

Fan M Y, Li T J, Hu J W, et al, 2017. Artificial neural network modeling and genetic algorithm optimization for cadmium removal from aqueous solutions by reduced graphene oxide-supported nanoscale zero-valent iron (nZVI/rGO) composites. Materials, 10(5): 1-22.

Fu B, Wang Y K, Xu P, et al, 2009. Changes in overland flow and sediment during simulated rainfall events on cropland in hilly areas of the Sichuan Basin，China. Progress in Natural Science, 19(11): 1613-1618.

Gau H S, Hsieh C Y, Liu C W, 2006. Application of greycorrelation method to evaluate potential groundwater recharge sites. Stochastic Environmental Research and Risk Assessment, 20(6): 407-501.

Gifford R M, 1994. The global carbon cycle: a viewpoint on the missing sink. Australian Journal of Plant Physiology, 21(1): 1-15.

Griggs D J, Noguer M, 2002. Climate change 2001: the scientific basis. contribution of working group I to the third assessment report of the intergovernmental panel on climate change. Weather, 57(8): 267-269.

Guangjie L , Anyun C , Jing' An S , et al, 2013. A typical case study on evolution of karst rocky desertification in Houzhaihe, Puding County, central Guizhou Province, China. Geographical Research, 32(5): 828-838. .

Han F P, Hu W, Zheng J Y, et al, 2010. Estimating soil organic carbon storage and distribution in a catchment of Loess

Plateau, China. Geoderma, 154(3-4): 261-266.

Han F X, 2007. Assessment of soil organic and carbonate carbon storage in China. Geoderma, 138(1): 119-126.

Harding K A, Ford D C, 1993. Impacts of primary deforestation upon limestone slopes in northern Vancouver Island, British Columbia. Environmental Geology, 21(3): 137-143.

Heilman J L, Litvak M E, McInnes K J, et al, 2014. Water-storage capacity controls energy partitioning and water use in karst ecosystems on the Edwards Plateau, Texas. Ecohydrology, 7(1): 127-138.

Hobley E U, Baldock J, Wilson B, 2016. Environmental and human influences on organic carbon fractions down the soil profile. Agriculture, Ecosystems & Environment, 223: 152-166.

Houghton R A, 1994. The worldwide extent of land-use change. Bioscience, 44(5): 305-313.

Huang Q H, Cai Y L, Xing X S, 2008. Rocky desertification, antidesertification, and sustainable development in the karst mountain region of Southwest China. Ambio A Journal of the Human Environment, 37(5): 390-392.

Huang Q, Cai Y, 2007. Spatial pattern of Karst rock desertification in the Middle of Guizhou Province, Southwestern China. Environ Geol. 52, (7): 1325-1330.

Huggett R J, 1998. Soil chronosequences, soil development, and soil evolution: acritical review. Catena, 32: 155-172.

Jiang Y, Li L, Groves C, et al, 2009. Relationships between rocky desertification and spatial pattern of land use in typical karst area, Southwest China. Environmental Earth Sciences, 59(4): 881-890.

Jones C, McConnell C, Coleman K, et al, 2005. Global climate change and soil carbon stocks; predictions from two contrasting models for the turnover of organic carbon in soil. Global Change Biology, 11(1): 154-166.

Lacelle B, 1997. Canada's soil organic carbon database. Soil processes and the carbon cycle, 56: 93-102.

Lal R, 2002. Soil Carbon Dynamics in Cropland and Rangeland. Environmentai Pollution, 116: 353-362.

Lal R, 2003. Soil erosion and the global carbon budget. Environment International, 29(4): 437-450.

Lal R, 2005. Forest soils and carbon sequestration. Forest Ecology and Management, 220(1): 242-258.

Lark R M, 2002. Optimized spatial sampling of soil for estimation of the variogram by maximum likelihood. Geoderma, 105(1-2): 49-80.

Li Y, 2010. Can the spatial prediction of soil organic matter contents at various sampling scales be improved by using regression kriging with auxiliary information. Geoderm, 159(1): 63-75.

Liu D W, Wang Z M, Zhang B Song K, et al, 2006. Spatial distribution of soil organic carbon and analysis of related factors in croplands of the black soil region, Northeast China. Agriculture Ecosystems&Environment, 113(1): 73-81.

Liu T Z, Liu C Q, Lang Y C, et al, 2014. Dissolved organic carbon and its carbon isotope compositions in hill slope soils of the karst area of southwest China: implications for carbon dynamics in limestone soil. Geochemical Journal, 48(3): 277-285.

Liu Y G, Liu C C, Wang S J, et al, 2013. Organic carbon storage infour ecosystem types in the karst region of Southwestern China. Plos One, 8(2): 56443-564435.

Liu Z H, Li Q, Sun H L, et al, 2007. Seasonal, diurnal and storm-scale hydrochemical variations of typical epikarstsprings in subtropical karst areas of SW China: Soil CO_2 and dilution effects. Journal of Hydrology, 337: 207-223.

Liu Z H, Wolfgang D, Wang H J, et al, 2008. A possible important CO_2 sink by the global water cycle. Chinese Science Bulletin, 53(3): 402-407.

Liu Z P, Shao M A, Wang Y Q, 2012. Large-scale spatial variability and distribution of soil organic carbon across the entire Loess Plateau, China. Soil Research, 50(2): 114-124.

López M E, Rene E R, Boger Z, et al, 2016. Modelling the removal of volatile pollutants under transient conditions in a two-stage bioreactor using artificial neural networks. Journal of Hazardous Materials, 324(Pt A): 100-109.

Lu X Q, Toda H, Ding F J, et al, 2014. Effect of vegetation types on chemical and biological properties of soils of karst ecosystems. European Journal of Soil Biology, 61(3): 49-57.

Mao D H, Wang Z, Li L, et al, 2015. Soil organic carbon in the Sanjiang Plain of China: storage, distribution and controlling factors. Biogeosciences, 12: 1635–1645.

Marcos R N, Fabricio P P, Jose A M D, et al, 2011. Optimum size in grid soil sampling for variable rate application in site-specific management. Scientia Agricola, 63(3): 386-992.

Maximilian K, Abel K, Thomas K, et al, 2016. Stocks of soil organic carbon in forest ecosystems of the Eastern Usambara Mountains. Tanzania Catena, 137: 651-659.

Mi N, Wang S Q, Liu J Y, et al, 2008. Soil inorganic carbon storage pattern in China. Global Change Biology, 14(10): 2380-2387.

Montanari R, Souza G S A, Pereira G T, et al, 2012. The use of scaled semivariograms to plan soil sampling in sugarcane fields. Precision Agriculture, 13(5): 542-552.

Ni J, 2002. Carbon storage in grasslands of China. Journal of Arid Environments, 50(2): 205-218.

Parrasalcántara L, Lozanogarcía B, Brevik E C, et al, 2015. Soil organic carbon stocks assessment in Mediterranean natural areas: a comparison of entire soil profiles and soil control sections. Journal of Environmental Management, 155: 219-228.

Post W M, Izaurralde R C, Mann L K, et al, 2001. Montoring and verifying changes of organic carbon in soil. Climatic Change, 51(1): 73-99.

Puget P, Lal R, 2005. Soil organic carbon and nitrogen in a mollisol in central Ohio as affected by tillage and land use. Soil and Tillage Research, 80(2), 201-208.

Qi Y B, Darilek J L, Huang B, et al, 2009. Evaluating soil quality indices in an agricultural region of Jiangsu Province, China. Geoderma, 149(3), 325-334.

Qiu-hao H, Yun-long C, 2006. Assessment of karst rocky desertification using the radial basis function network model and GIS technique: a case study of Guizhou Province, China. Environmental Geology, 49(8): 1173-1179.

Rodríguez-Murillo J C, 2001. Organic carbon content under different types of land use and soil in peninsular Spain. Biology and Fertility of Soils, 33(1): 53-61.

Rossi J, Govaerts A, De Vos B D, et al, 2009. Spatial structures of soil organic carbon in tropical forests—a case study of Southeastern Tanzania. Catena, 77(1): 19-27.

Rozhkov V A, Wagner V, Kogut B M, et al, 1996. Soil carbon estimates and soil carbon map for Russia. Working paper of IIASA, Laxenburg, Austria: 623-628.

Selma Y K, 2014. Effects of afforestation on soil organic carbon and other soil properties. Catena, 123(10): 62-66.

Shen H, Zheng F, Wen L, et al, 2016. Impacts of rainfall intensity and slope gradient on rill erosion processes at loessial hillslope. Soil & Tillage Research, 155: 429-436.

Steffens M, Kolbl A, Kogel-Knabner I, 2009. Alteration of soil organic matter pools and aggregation in semi-arid steppe topsoils as driven by organic matter input. European Journal of Soil Science, 60(2): 198-212.

Tahar G A, Nadhem B B, Martial B C, et al, 2010. Soil organic carbon density and storage in Tunisia. Global Soil Spatial Information Systems, 1-5.

Tan Z X, Lal R, Smeck N E, et al, 2004. Relationships between surface soil organic carbon pool and site variables . Geoderma, 121(3-4): 187-195.

Tang H, Qiu J, Van Ranst E, Li C, 2006. Estimations of soil organic carbon storage in cropland of China based on DNDC model. Geoderma, 134(1-2): 200-206.

Tang Y, Li J, Zhang X, et al, 2013. Fractal characteristics and stability of soil aggregatesin karst rocky desertification areas. Natural Hazards, 65(1): 563-579.

Theocharopoulos S P, Wagner G, Sprengart J, et al, 2001. European soil sampling guidelines for soil pollution studies. Sci Total Environ, 264(1-2): 51-62.

Van Groenigen J W, Siderius W, Stein A, 1999. Constrained optimisation of soil sampling for minimisation of the kriging variance. Geoderma, 87(3-4): 239-259.

VandenBygaart A J, Gregorich E G, Angers D A, et al, 2004. Uncertainty analysis of soil organic carbon stock change in Canadian cropland from 1991 to 2001. Global Change Biol, 10(6): 983-994.

Wani A A , Joshi P K , Singh O , et al, 2014. Estimating soil carbon storage and mitigation under temperate coniferous forests in the southern region of Kashmir Himalayas. Mitigation and Adaptation Strategies for Global Change, 19(8): 1179-1194. .

Xiao K C, Xu J M, Tang C X, et al, 2013. Differences in carbon and nitrogen mineralization in soils of differing initial pH induced by electro kinesis and receiving crop residue amendments. Soil Biology and Biochemistry, 67(1016): 70-75.

Xie Z B, Zhu J G, Liu G, et al, 2007. Soil organic carbon stocks in China and changes from 1980s to 2000s. Global Change Biol, 13(9): 1989-2007.

Yang Q, Wang K, Zhang C, et al, 2011. Spatio-temporal evolution of rocky desertification and its driving forces in karst areas of Northwestern Guangxi, China. Environmental Earth Sciences, 64(2): 383-393.

Ye Q , Feida S , Yong L I , et al, 2015. Analysis of soil carbon, nitrogen and phosphorus in degraded alpine wetland, Zoige, Southwest China. Acta Prataculturae Sinica, 24(3): 38-47.

Yin Y G, Peng G, Ronald A, 2006. Analysis of faetors controlling soil carbon in the conterminous United States. Soil Science Society of America Journal, 70(70): 601-612.

Yu D S, Zhang Z Q, Yang H, et al, 2011. Effect of soil sampling density on detected spatial variability of soil organic carbon in a red soil region of China. Pedosphere, 21(2): 207-211.

Zhang C S, Mcgrath D, 2004. Geostatistical and GIS analyses on soil organic carbon concentrations in grassland of southeastern Ireland from two different periods. Geoderma, 119(3): 261-275.

Zhang C S, Tang Y, Xu X L, et al, 2011. Towards spatial geochemical modelling: use of geographically weighted regression for mapping soil organic carbon contents in Ireland. Applied Geochemistry, 26(7): 1239-1248.

Zheng H, Su Y R, He X Y, et al, 2012. Modified method for estimating organic carbon density of discontinuous soil in peak-karst regions in Southwest China. Environmental Earth Sciences, 67: 1743-1755.

Zhou Y C, Wang S J, Lu H M, et al, 2010. Forest soil heterogeneity and soil sampling protocols on limestone outctops: example from SW China. Acta Carsologica, 39(1): 115-122.

彩 图

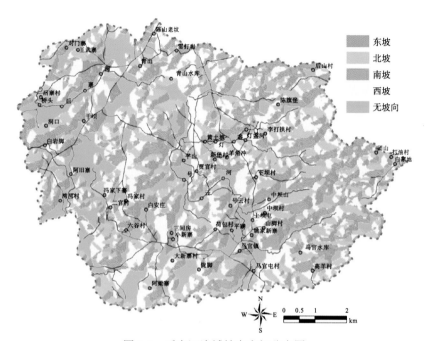

图 1-1　后寨河流域坡向空间分布图

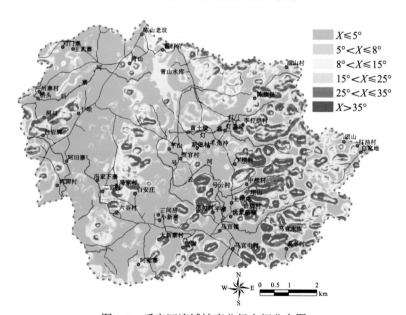

图 1-2　后寨河流域坡度分级空间分布图

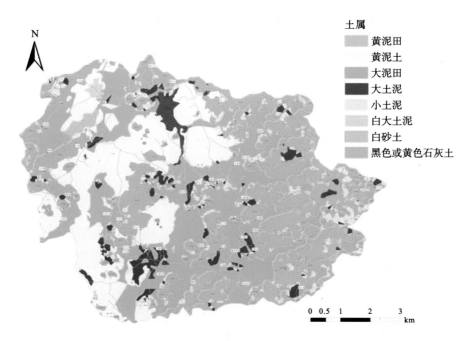

图2-1 后寨河流域土壤空间分布图

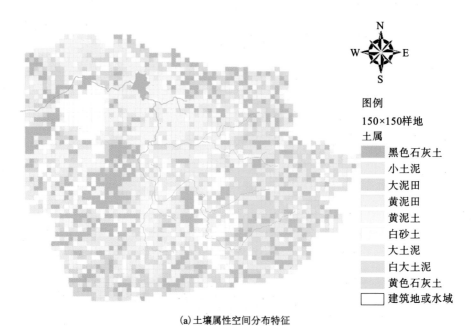

(a)土壤属性空间分布特征

图2-2 后寨河流域土壤属性空间分布特征与各属性土壤厚度分布图

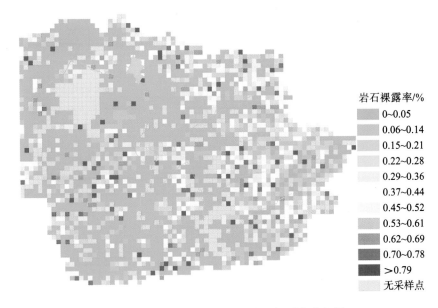

岩石裸露率/%

- 0~0.05
- 0.06~0.14
- 0.15~0.21
- 0.22~0.28
- 0.29~0.36
- 0.37~0.44
- 0.45~0.52
- 0.53~0.61
- 0.62~0.69
- 0.70~0.78
- ＞0.79
- 无采样点

图 4-7　后寨河流域各采样点岩石裸露率分布图

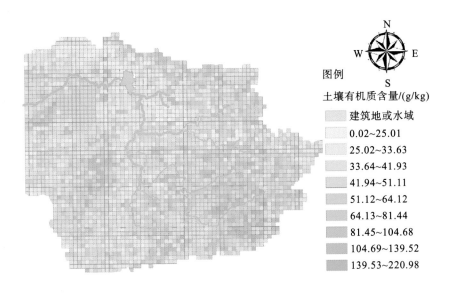

图例

土壤有机质含量/(g/kg)

- 建筑地或水域
- 0.02~25.01
- 25.02~33.63
- 33.64~41.93
- 41.94~51.11
- 51.12~64.12
- 64.13~81.44
- 81.45~104.68
- 104.69~139.52
- 139.53~220.98

(a)0~5cm

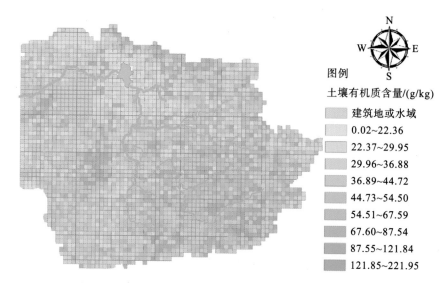

(b)5~10cm

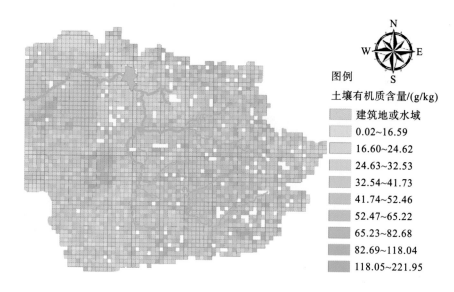

(c)10~15cm

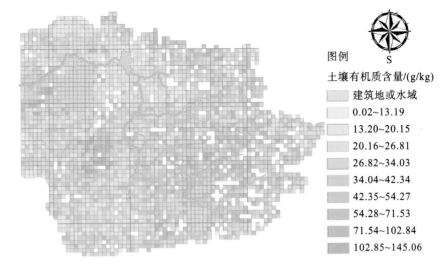

图例

土壤有机质含量/(g/kg)

建筑地或水域

0.02~13.19

13.20~20.15

20.16~26.81

26.82~34.03

34.04~42.34

42.35~54.27

54.28~71.53

71.54~102.84

102.85~145.06

(d)15~20cm

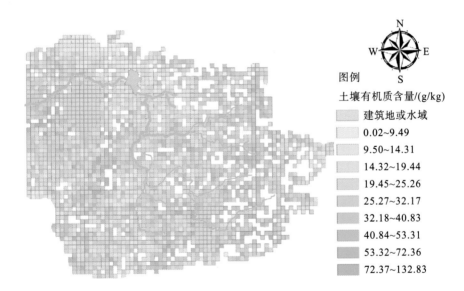

图例

土壤有机质含量/(g/kg)

建筑地或水域

0.02~9.49

9.50~14.31

14.32~19.44

19.45~25.26

25.27~32.17

32.18~40.83

40.84~53.31

53.32~72.36

72.37~132.83

(e)20~30cm

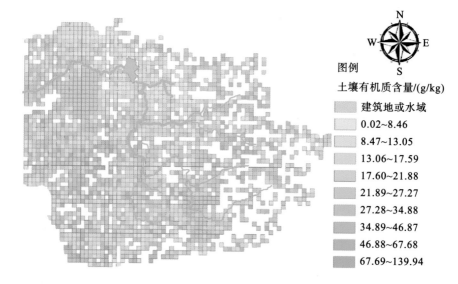

图例

土壤有机质含量/(g/kg)

建筑地或水域

0.02~8.46

8.47~13.05

13.06~17.59

17.60~21.88

21.89~27.27

27.28~34.88

34.89~46.87

46.88~67.68

67.69~139.94

(f)30~40cm

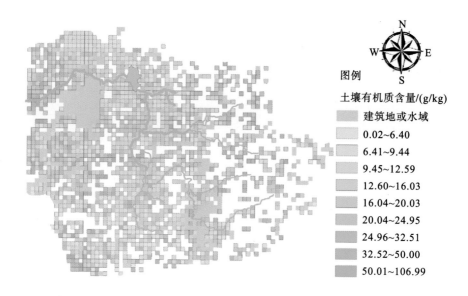

图例

土壤有机质含量/(g/kg)

建筑地或水域

0.02~6.40

6.41~9.44

9.45~12.59

12.60~16.03

16.04~20.03

20.04~24.95

24.96~32.51

32.52~50.00

50.01~106.99

(g)40~50cm

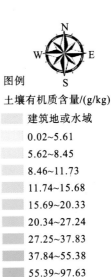

(h)50~60cm

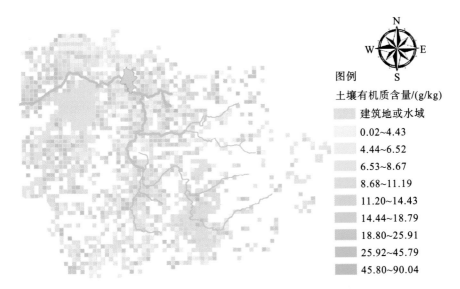

(i)60~70cm

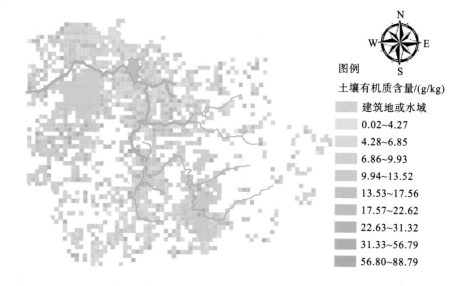

図例

土壌有机质含量/(g/kg)

建筑地或水域
0.02~4.27
4.28~6.85
6.86~9.93
9.94~13.52
13.53~17.56
17.57~22.62
22.63~31.32
31.33~56.79
56.80~88.79

(j)70~80cm

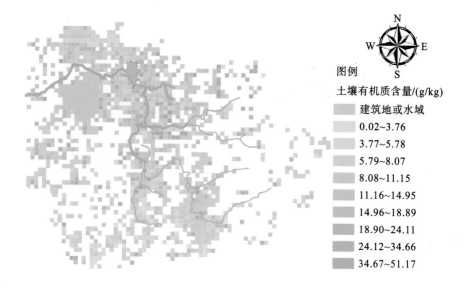

図例

土壤有机质含量/(g/kg)

建筑地或水域
0.02~3.76
3.77~5.78
5.79~8.07
8.08~11.15
11.16~14.95
14.96~18.89
18.90~24.11
24.12~34.66
34.67~51.17

(k)80~90cm

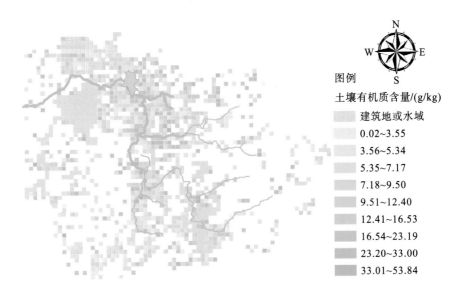

图例

土壤有机质含量/(g/kg)

	建筑地或水域
	0.02~3.55
	3.56~5.34
	5.35~7.17
	7.18~9.50
	9.51~12.40
	12.41~16.53
	16.54~23.19
	23.20~33.00
	33.01~53.84

(l)90~100cm

图 4-9   后寨河流域不同土壤层有机质含量平面分布情况

注：空白区域是因为其土壤厚度达不到该深度，故无相关数值

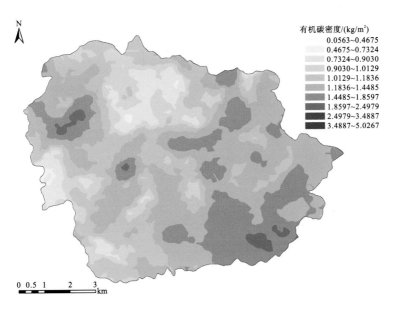

有机碳密度/(kg/m²)

	0.0563~0.4675
	0.4675~0.7324
	0.7324~0.9030
	0.9030~1.0129
	1.0129~1.1836
	1.1836~1.4485
	1.4485~1.8597
	1.8597~2.4979
	2.4979~3.4887
	3.4887~5.0267

0 0.5 1   2   3
km

(a) 0~10cm

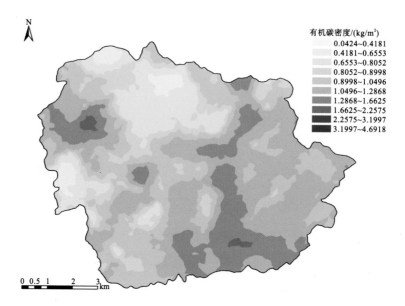

有机碳密度/(kg/m²)
0.0424~0.4181
0.4181~0.6553
0.6553~0.8052
0.8052~0.8998
0.8998~1.0496
1.0496~1.2868
1.2868~1.6625
1.6625~2.2575
2.2575~3.1997
3.1997~4.6918

0 0.5 1 2 3
km

(b) 10~20cm

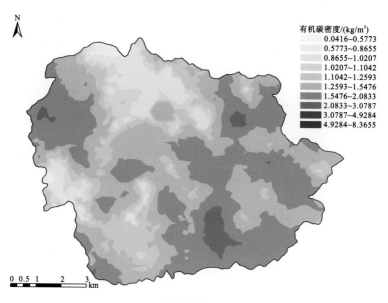

有机碳密度/(kg/m²)
0.0416~0.5773
0.5773~0.8655
0.8655~1.0207
1.0207~1.1042
1.1042~1.2593
1.2593~1.5476
1.5476~2.0833
2.0833~3.0787
3.0787~4.9284
4.9284~8.3655

0 0.5 1 2 3
km

(c) 20~30cm

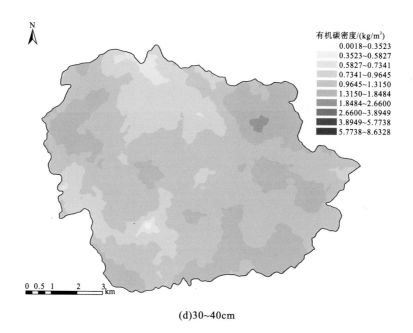

(d)30~40cm

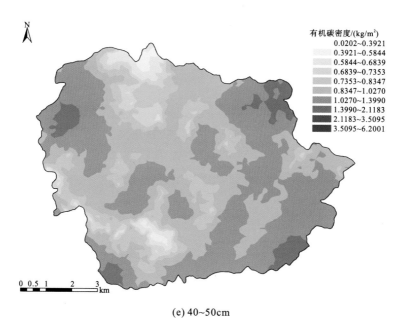

(e) 40~50cm

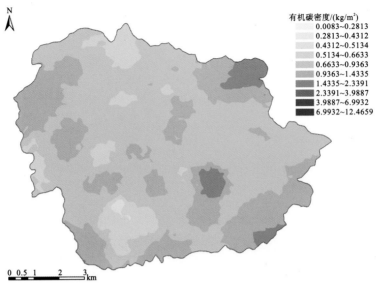

有机碳密度/(kg/m²)
0.0083~0.2813
0.2813~0.4312
0.4312~0.5134
0.5134~0.6633
0.6633~0.9363
0.9363~1.4335
1.4335~2.3391
2.3391~3.9887
3.9887~6.9932
6.9932~12.4659

0 0.5 1   2   3 km

(f)50~60cm

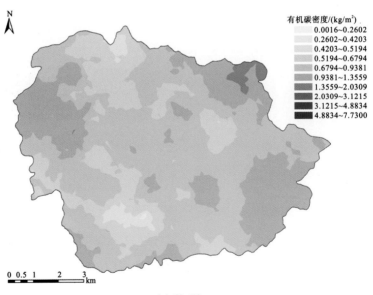

有机碳密度/(kg/m²)
0.0016~0.2602
0.2602~0.4203
0.4203~0.5194
0.5194~0.6794
0.6794~0.9381
0.9381~1.3559
1.3559~2.0309
2.0309~3.1215
3.1215~4.8834
4.8834~7.7300

0 0.5 1   2   3 km

(g) 60~70cm

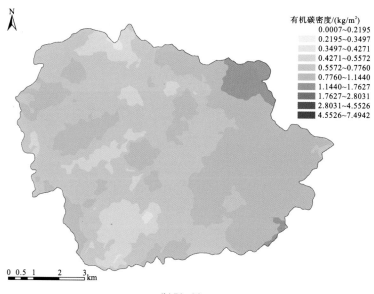

有机碳密度/(kg/m²)
0.0007~0.2195
0.2195~0.3497
0.3497~0.4271
0.4271~0.5572
0.5572~0.7760
0.7760~1.1440
1.1440~1.7627
1.7627~2.8031
2.8031~4.5526
4.5526~7.4942

0 0.5 1   2   3
                km

(h)70~80cm

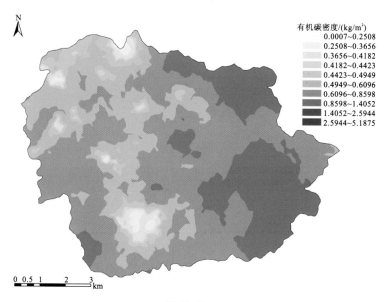

有机碳密度/(kg/m²)
0.0007~0.2508
0.2508~0.3656
0.3656~0.4182
0.4182~0.4423
0.4423~0.4949
0.4949~0.6096
0.6096~0.8598
0.8598~1.4052
1.4052~2.5944
2.5944~5.1875

0 0.5 1   2   3
                km

(i) 80~90cm

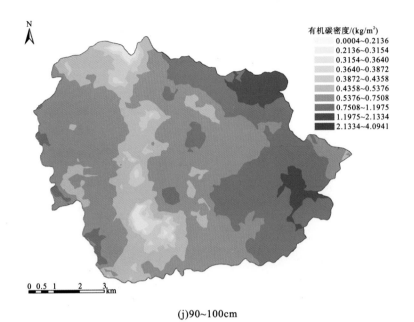

有机碳密度/(kg/m²)
0.0004~0.2136
0.2136~0.3154
0.3154~0.3640
0.3640~0.3872
0.3872~0.4358
0.4358~0.5376
0.5376~0.7508
0.7508~1.1975
1.1975~2.1334
2.1334~4.0941

0 0.5 1 2 3 km

(j)90~100cm

图4-15 后寨河流域不同层次土壤有机碳密度空间分布

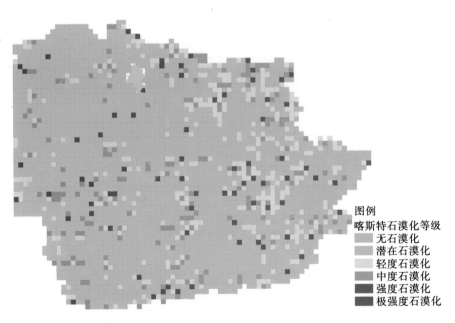

图例
喀斯特石漠化等级
无石漠化
潜在石漠化
轻度石漠化
中度石漠化
强度石漠化
极强度石漠化

图5-1 后寨河流域石漠化空间分布

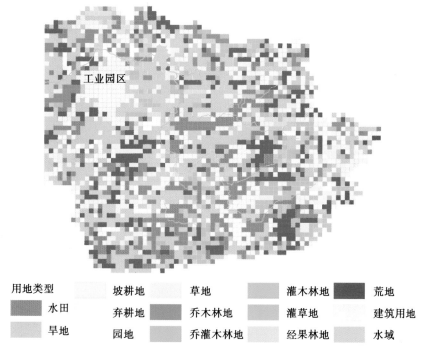

用地类型		坡耕地		草地		灌木林地		荒地
	水田	弃耕地		乔木林地		灌草地		建筑用地
	旱地	园地		乔灌木林地		经果林地		水域

图 5-2 后寨河流域土地利用分布图

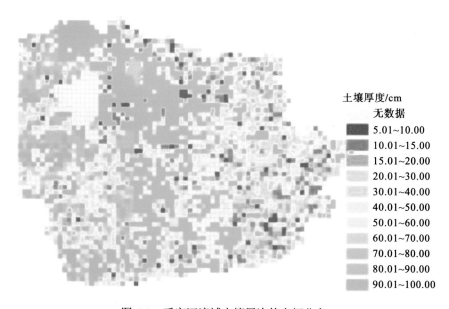

土壤厚度/cm

无数据

5.01~10.00
10.01~15.00
15.01~20.00
20.01~30.00
30.01~40.00
40.01~50.00
50.01~60.00
60.01~70.00
70.01~80.00
80.01~90.00
90.01~100.00

图 6-1 后寨河流域土壤层次的空间分布

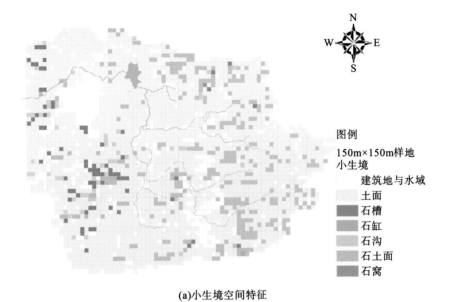

图例
150m×150m样地
小生境
　　建筑地与水域
　　土面
　　石槽
　　石缸
　　石沟
　　石土面
　　石窝

(a)小生境空间特征

图 7-1　后寨河流域小生境空间特征与各小生境类型土壤厚度分散情况

附图 后寨河流域地质分布图

地质图

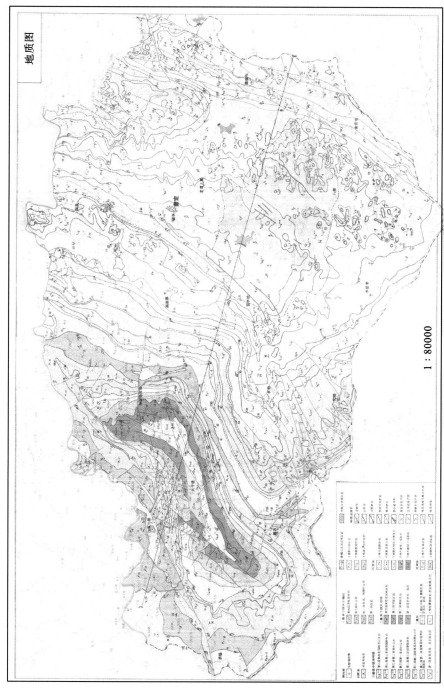

1:80000